KB133952

우리 집이 불타고 있다

우리 집이 불타고 있다

툰베리와 위기의 행성

마이클 파트 지음 | 김여정 옮김

굿모닝미디어

누구나 우리에게 크게 꿈꾸라고 말하는 시대와 장소에 태어난 것은 저로선 행운이에요. 저는 원하는 사람이 될 수 있고, 살고 싶은 곳에서 살 수 있어요. 저와 같은 사람들은 필요 이상으로 많은 것들을 가져요. 우리의 할아버지와 할머니들은 꿈조차 꿀 수 없었던 것들을요. 우리는 바라는 모든 것을 얻었지만, 이제 전부를 잃게 될 수도 있어요. 어쩌면 우리에게 더 이상의 미래는 없을지도 모르죠.

그레타 툰베리

2019년 4월 23일

차례
—

1장
—
등교 거부

2018년 8월 20일 월요일 오전 정확히 8시 30분, 양 갈래로 머리를 땋아 길게 늘어뜨린 열다섯 살 소녀가 자전거를 타고 스톡홀름 의회 앞에 도착했다. 날씨는 화창했고, 자전거 여정은 가뿐했다. 소녀는 자전거에서 내려, 의회 건물로 향하는 통로 앞에서 앉을 만한 곳을 찾아냈다. 행인들이 많이 지나다니는 장소였다.

소녀의 이름은 그레타 툰베리다.

그레타는 강이 내려다보이는 의회 건물 앞, 따뜻한 콘크

리트 바닥에 앉아 벽돌담에 기댔다. 그레타는 까맣고 선명한 글자가 적힌 흰색 나무 피켓을 들고 있었다. 거기엔 '기후를 위한 등교 거부'라고 써 있었다.

1인 시위를 하기 위해 피켓을 들고 앉아 있는 그레타의 심장은 세차게 뛰었다. 그레타는 앞으로 3주 동안 여기서 어떤 일이 벌어질지 생각해 보았다. 해는 밝게 빛났고, 처음 한 시간은 여느 때와 다름없이 흘러갔다.

수백 명의 행인이 지나쳐 가면서 몇몇은 그레타에게 미소를 보내기도 했지만, 발걸음을 멈춘 이는 없었다. 그레타는 시계를 보았다. 그레타의 계획은 오전 8시 30분부터 오후 3시 30분까지 그 자리에 있는 것이었다.

얼굴 위로 그림자가 드리워지자 그레타는 고개를 들었다. 눈앞에 의회 의원 한 명이 서 있었다. 그는 꾸짖듯이 팔짱을 끼고서 밝고 푸른 눈의 그레타를 내려다보며 물었다.

"학교에 있어야 할 시간 아니니?"

그레타가 활짝 웃으며 예의 바르게 대답했다.

"무슨 말씀을 하고 싶으신 거예요?"

그가 굳은 말투로 대꾸했다.

"무슨 말이냐니! 학생은 학교에서 공부를 해야 한다는 얘기지!"

그레타는 그를 단호한 표정으로 바라보았다.

"저희 선생님은 학교에 안 나오셨어요."

그는 의아한 듯이 눈썹을 치켜올리며 말했다.

"그렇다면 학교에서 임시 선생님을 구해 놓았을 텐데."

그의 주위에 여러 사람이 모여들었다.

"그런데 네 친구들은 한 명도 안 보이는구나."

"네, 저 혼자예요."

그레타가 대답했다.

"아직까지는요."

"그건 말도 안 되는 소리고, 어쨌든 너희 선생님은 왜 안

나오신 거니?"

"저희 선생님은 더 중요한 일이 있어서 뉴욕에 가셨을 거예요."

그레타가 대답했다.

짜증이 난 그는 그레타가 들고 있는 나무 피켓으로 화제를 돌렸다.

"난 네가 하는 이 파업을 이해할 수가 없구나."

그레타는 이 질문에 대한 답을 이미 준비해 두었으므로 침착하게 말했다.

"전 기후를 위한 파업을 하고 있어요. 지구가 지금 심각한 위험에 처해 있는데, 그 누구도 이를 해결하려 하지 않아요. 스웨덴이 '파리기후변화협약(파리협정)'에 가입할 때까지 우리가 어떤 일도 하지 않는다면 모든 것이 무의미해요. 저를 위한 미래도 없죠. 그러니 학교에 가는 것이 무슨 의미가 있겠어요?"

그는 그레타를 살펴보았다.

"어째서 우리가 기후변화에 맞서 어떤 일도 하지 않는다고 생각하지?"

그레타는 자신의 반려견 모세처럼 머리를 뒤로 젖혔다. 모세는 골든 리트리버종이다.

"생각할 필요도 없어요. 우리는 파리협정에 가입하지도 않았잖아요. 사실 스웨덴은 세계 10등이지만, 1등이 아니라면 10등이나 꼴등이나 그게 그거예요."

이 말이 그를 자극했다.

"학교에서 그렇게 가르치니?"

"아뇨, 제가 스스로 알아낸 거예요. 선생님 없이 저 혼자서요."

그레타가 대답했다.

"부모님은 네가 여기 나와 있는 걸 알고 계시겠지?"

"물론이죠."

그레타는 대답했다.

"네가 학교에 있어야 한다고 생각하지 않으실까?"

"물론 그러시겠죠. 하지만 부모님도 제가 왜 등교 거부를 하는지 아세요. 부모님 입장에서는 이런 행동이 나쁘다고 생각하시죠."

"그거 봐라!"

그가 큰 소리로 말했다.

"하지만 인간으로서는 옳은 일이라고 생각하세요."

그레타가 말했다.

이런 대답을 예상하지 못한 그는 얼굴을 찌푸렸다.

"넌 네가 꽤 똑똑하다고 생각하는구나."

그레타가 어깨를 한 번 으쓱하며 말했다.

"보통은 돼요."

스웨덴의 8월은 낮이 길다. 해는 오전 4시 30분경에 떠

서 밤 9시가 조금 지나서야 졌다. 북위 59.3293도, 동경 18.0686도인 스웨덴의 위치 때문이다. 스웨덴은 상당히 북쪽에 위치한다. 만약 스웨덴을 출발점으로 대서양을 가로지르는 직선을 그린다면, 래브라도해를 통과해서 캐나다 뉴펀들랜드주 어딘가와 만나게 될 것이다. 그곳에서는 빙하가 녹고 있다는 사실을 발견한 캐나다 북부 원주민 이누이트족이 사냥과 낚시를 하면서 살아가고 있다.

그레타는 종종 이런 종류의 추정을 했다. 자신이 특정한 순간에 지구상의 어느 지점에 있는지 정확히 아는 것이 중요하다고 생각했기 때문이다. 대부분의 사람들은 그런 그레타를 이상하다고 여겼지만, 사실은 특이한 일도 아니었다.

새 몇 마리가 가까이에서 지저귀고 있었다. 그레타는 피아노를 칠 줄 알지만 새들이 어떤 음역대로 노래하는지는 알 수 없었다. 오페라 가수인 엄마는 알 거라 여겼다.

이처럼 조화롭지 않은 소리는 그레타를 괴롭혔다. 세상에는 그레타가 화들짝 놀라 귀를 막게 만드는 소리들이 가득했다. 예를 들어 사람들이 껌을 씹는 소리는 그레타를 미치게 만들었다. 이는 자폐 스펙트럼 장애에 속하는 아스퍼거 장애와 더불어 그레타가 가진 청각 과민증 때문에 생기는 일로, 이 특별한 능력은 그레타를 정서적으로 괴롭혔다.

오후 3시 30분이 될 때까지 그레타를 방문한 이는 그 의회 의원 외엔 아무도 없었다. 많은 사람들이 일터로 가거나 쇼핑하러 가는 길에 지나쳐 갔지만, 그레타에게 말을 걸지는 않았다. 집으로 가는 길 역시 마찬가지였다. 자전거를 타고 집으로 가는 동안 그 누구도 그녀의 나무 피켓에 대해 묻지 않았다.

그레타는 선거일인 9월 9일까지 파업을 하기로 계획했다. 아직 19일이 남았고 그레타는 포기할 생각이 없었다.

둘째 날, 그레타는 장밋빛 의회 건물 앞에서 캠핑 매트를 깔고 앉아 있었다. 수백 명의 사람들이 그레타를 지나쳤지만, 누구도 장시간 걸음을 멈추지는 않았다. 그런데 전날 방문했던 의회 의원이 걸음을 멈추고 아무 말 없이 그레타를 지켜보았다. 불편한 침묵이 사오 분 흐른 후, 남녀 두 명이 그레타의 좌우에 쪼그리고 앉았다. 그가 남녀를 차례로 바라보며 말했다.

"이 아이의 일에 가담하려는 건 아니겠지요? 당신들은 학교 다니기엔 나이가 너무 많지 않습니까?"

남자가 웃으며 고개를 끄덕였다.

"학교에 다니기엔 늙었지만 파업을 하기에는 그리 많은 나이가 아닙니다."

남자는 말하고 나서 그레타를 향해 고개를 끄덕였으며, 그들은 함께 웃었다. 그레타가 침묵을 지키다가 말했다.

"저희와 함께하는 게 어떻겠어요?"

의원은 곁눈질하면서 불만스럽다는 듯 코웃음을 쳤다. 그는 넥타이를 가지런히 하고 겨드랑이에 우산을 끼워 넣으면서 그레타와 막 도착한 남녀를 한 번 더 흘낏거린 다음 중얼거렸다.

"요즘 아이들이란!"

그러고는 의회 계단을 걸어 올라갔다.

그레타는 자신의 오른쪽에 앉은 남자와 왼쪽에 앉은 여자를 쳐다보며 웃었다.

"저분은 선생님들이 계실 때 학교가 더 잘 굴러간다는 걸 이해하지 못하시나 봐요."

"이 시위를 한 지 얼마나 되었니?"

남자가 물었다.

"오늘이 둘째 날이에요. 전 선거일인 9월 9일 이틀 전까지 매일 여기에 있을 예정이고요. 아침부터 오후까지요. 두 분도 기후변화 시위를 위해 여기로 오실래요?"

남자가 웃으며 말했다.

"사실 우린 널 보러 온 기자란다."

"네?"

"그래서, 그레타 툰베리, 너는 왜 파업을 하는 거지?"

그레타는 놀랐다.

"제 이름을 아세요?"

그레타는 이맛살을 찌푸리며 의심을 드러냈다.

"이리저리 알아봤지."

남자가 말했다.

"넌 오페라 가수 말레나 에른만과 배우 스반테 툰베리의 딸이더구나."

그레타는 그들을 뚫어지게 쳐다보았다.

"추측컨대, 네 부모님은 이 일에 찬성하신 거지?"

여자가 말했다.

그레타는 고개를 끄덕이며 지루함을 느꼈다.

"기후를 위한 파업을 하는 이유가 뭐니?"

남자가 물었다.

"어떤 섬 때문에 시작하게 되었어요."

그레타는 대답했다.

"섬?"

"네, 2014년에 그 섬이 모든 걸 바꿔버렸어요."

"어디에 있는 섬이니?"

여자가 물었다.

"칠레 해안에서 떨어진 곳에 있어요."

"아! 이스터 섬 말이구나?"

여자가 불쑥 내뱉었다.

"아뇨. 그 섬은 이름도 없고, 전체가 쓰레기로 이루어져 있어요. 멕시코만큼 크고요!"

그레타가 말했다.

두 기자는 서로 쳐다보고 나서 그레타에게 시선을 돌렸다.

"좋아, 우리는 네게 관심이 생겼어."

그레타는 심호흡을 했다. 가족 이외의 사람과 이야기하는 것이 그레타에게는 새로운 일이었으며, 삶에 있어 커다란 변화였다. 그레타는 분명하고 정확하게 기자들에게 모든 것을 이야기했다.

2장
——
여행

그레타는 여행을 좋아했다. 오페라 가수의 딸이라서 유럽의 멋진 곳들을 가볼 수 있었던 건 행운이었다. 그레타는 가본 곳들을 아주 상세히 기억했다.

그레타가 기억하는 첫 번째 여행은 2007년 오스트리아 수도 비엔나로의 가족 여행이었다. 비엔나를 특별히 기억하는 이유는 모든 오래된 건물에 붙어 있는 수많은 섬세한 장식 때문이었다. 가고일(유럽 기독교 사원 벽에 붙어 있는 괴물을 본뜬 석조상)과 조각상은 어디에나 있었다.

세밀한 부조 형태의 이 조각상들은 지면에서 위쪽으로 상당히 떨어진 건물 윗부분에 위치하고 있어 거리에서는 잘 안 보였다. 그레타의 엄마는 헨델의 〈줄리오 체사레〉라는 작품에서 세스토 역할을 맡아 공연했다.

그레타는 비엔나에 자리 잡은 정교한 건축물에 강한 호기심을 느끼긴 했지만, 가족이 머물렀던 호텔방도 좋아했다. 그레타가 오븐이 어디 있는지 묻자 엄마는 호텔방 안에는 부엌이 없으며 취사도 허용되지 않는다고 설명해주었다.

네 살짜리 그레타의 눈에는 호텔 직원들이 김이 모락모락 나는 음식을 카트에 싣고 갑자기 나타나는 것이 신기하게 보였다. 막 돌을 지난 여동생 베아타는 언니를 사방팔방 따라다니며 계속해서 시끄럽게 굴었다.

유럽의 여러 나라를 여행하는 동안 그레타의 부모는 물과 음식을 아끼는 일의 중요성을 딸들에게 가르쳤다. 또 아이들에게 욕조에서 목욕하는 것이 재미있을지라도 물을 낭비해서는 안 된다고 일렀으며, 음식을 남김없이 먹는 것도 중요하다는 것을 이해시켰다.

"먹을 수 있을 만큼만 덜어야지!"

엄마가 그레타를 나무랐다.

"우리는 환경에 관심을 가져야 해. 물을 낭비해서도, 음식을 낭비해서도 안 돼. 사실 아주 오래전에 돌아가신 아빠의 친척 한 분은 환경 문제에 있어 선구자셨어. 우리도 그분처럼 살아야 해."

그레타는 엄마가 말하는 그분이 누구일까 궁금했다.

어느 추운 날 저녁, 툰베리 가족이 스톡홀름에 있는 집으로 돌아왔을 때, 엄마는 어린 자매에게 방을 데울 때 창문을 닫으면 에너지를 아낄 수 있다는 것을 알려주었다. 그레타는 창문을 통해 도시의 모든 집, 건물, 공장의 굴뚝들이 연기를 내뿜고 있는 모습을 보았다.

"엄마, 연기는 더러워요?"

그레타가 물었다.

"당연히 더럽지."

엄마가 대답했다.

"그럼 왜 사람들은 모두 연기를 피워요?"

"모두는 아니잖아. 우리는 아니니까."

엄마가 웃으며 말했다.

얼마 뒤 그레타가 다섯 살이 되었을 때, 스반테 아레니우스라는 사람이 쓴 오래된 책 몇 권을 발견했다. 그 책들은 그레타의 손이 닿지 않는 책장 높은 곳, 엄마의 음악 서적 옆에 꽂혀 있었다.

"그분은 내 증조할머니의 사촌이란다."

아빠가 말했다.

"내 이름은 그분의 이름을 따서 지어진 거고."

7년 후인 2014년, 열한 살이었던 그레타는 한 시간이 넘도록 가족 서재에 대해 공부하며 감탄하고 있었다. 그레타는 손을 뻗어 1908년에 출간된 《만들어지고 있는 세계》라는 제목의 파란 책을 끄집어냈다. 스반테 아레니우스의 책이었다. 그 책은 지구가 태양에서 쏟아져 들어오는 에너지와 열을 어떻게 가두는지에 대해 설명하고 있었다.

책 제목이 마음에 들었던 그레타는 수년 동안 그 책을 눈여겨보았고, 마침내 그레타의 손이 그 책에 닿을 수 있게 된 어느 날, 그녀의 소유가 되었다.

저자인 아레니우스는 영국의 기후학자 존 틴달의 제자이자 스톡홀름대학 교수였다. 존 틴달은, 하늘이 파랗게 보이는 이유는 태양에서 서로 다른 파장을 지닌 여러 가지 색의 빛이 지구에 도달할 때 지구 대기와 부딪쳐 흩어지는, 빛의 산란 현상 때문이라는 걸 알아냈다.

또한 그레타는 아레니우스가 1903년에 노벨 화학상을 받았다는 사실에 놀라움을 감추지 못했다.

엄마는 그레타가 책장 옆 방구석에 웅크리고 앉아서 자그

마한 파란 책을 읽고 있는 것을 발견했다.

"온실 효과를 발견한 사람도 아레니우스, 그분이란다. 온실 효과가 가져오는 지구의 기온상승 문제를 최초로 지적한 과학자였어."

엄마가 말했다.

"그걸 발견하는 데 1년이 걸렸다는구나. 소문에 따르면 미쳐버리고 말았대."

그레타는 책에서 눈을 떼어 엄마를 올려다보며 웃었다.

"온실 효과요? 전 그 어감이 마음에 들어요."

그러면서 콧등을 찡그렸다.

"그런데 그게 뭐예요?"

엄마가 가까이 다가갔다.

"그건 공기 중에 너무 많은 이산화탄소가 존재할 때 생기는 현상이야. 우리의 대기가 이산화탄소를 잡아서 가둬버리거든. 그러면 지구는 가열된단다. 마치 온실처럼 말이야. 요

즘엔 과학자들이 그걸 '기후변화'라고 부르더구나. 이게 아빠와 엄마가 늘 물과 음식, 전기를 아껴 써야 하고, 굴뚝에서 연기가 피어오르게 해서는 안 된다고 말하는 이유란다."

엄마가 말을 이어갈수록 그레타의 눈은 점점 커졌다.

"지금 전 세계가 우리 인간들의 생활습관 때문에 생긴 위기에 놓여 있어."

엄마가 계속해서 말했다.

"우리는 자연에서 너무 멀어져 있어. 삶의 방식을 되돌려야 하는데 말이야. 우리 가족이 수년간 실천해온 일들은 모두 옳지만, 우린 단지 한 가족에 불과할 뿐이구나."

"적어도 우리는 뭔가 하고 있잖아요."

그레타가 끼어들었다.

"그래, 이건 우리 모두에게 영향을 주고, 지구를 망가뜨릴 수도 있는 위기란다. 우리가 살아가고 행동하는 방식을 바꾸지 않는다면 말이야."

"하지만 우리는 이미 변했어요. 그런 일들을 하고 있으니까요."

"모든 사람이 그래야 해."

엄마가 대답했다.

그레타와 베아타는 살아오면서 줄곧 그런 이야기를 들어왔으며, 이제 그들은 그 사실을 발견하고 책을 쓴 아레니우스와 연결되었다.

"엄마, 사람들이 정말로 기후를 변화시킬 수 있다면, 누구나 그것에 대해 늘 이야기할 거예요. 그런데 그렇지 않아요. 사람들은 기후 문제가 아닌 다른 것들을 이야기해요."

엄마는 그레타를 보고 웃었다. 그레타는 어렸지만, 그 나이에도 생각은 예리해서 어떤 것도 그냥 지나치지 않았다.

"그래, 엄마가 말했듯이 우리부터 시작하면 되는 거야."

"저부터요?"

그레타가 물었다.

"물론이지, 우리 딸부터."

엄마는 자신이 내민 손을 잡은 그레타를 가까이 끌어당기며 대답했다.

"하지만 우리 딸이 잠을 안 잔다면 어떻게 지구를 구할 거라 기대하지?"

"전 피곤하지 않아요."

그레타가 불평했다.

엄마는 웃었다.

"그 책을 침대로 가져가도 좋아."

그레타도 웃으며 파란 책을 들고 엄마를 따라 침대로 갔다.

3장
—
선택적 함구증

몇 시간 후, 아리아 '하바네라'가 방 안을 가득 채웠다. 이 곡은 프랑스 작곡가 비제의 오페라 〈카르멘〉에 나오는 곡이다. 원제가 '사랑은 길들여지지 않는 새'인 이 곡에서 프랑스어로 노래하는 엄마의 목소리가 흘러나오자, 그레타의 심장이 뛰기 시작했다.

그레타는 엄마가 연습하는 걸 수백 번 들었기 때문에 가사를 알고 있었으며, 노래를 들을 때마다 소름이 돋곤 했다. 엄마의 메조소프라노 목소리는 완벽했고, 그레타는 매일 아침마다 창밖에서 지저귀는 새소리를 떠올렸다. 엄마는 두 딸의 사진이 걸린 벽에 기댄 채 팔짱을 끼고 눈을 감았다. 많은 노력을 쏟아부은 앨범이 완성되어서 엄마는 기뻐했다.

"훌륭해!"

아빠가 말하며 엄마의 손을 잡았다.

"당신 앨범 중 최고야!"

'오페라 디 피오리'라는 제목이 쓰여 있는 앨범 커버가 바닥에 놓여 있었다.

"당신도 알다시피, 〈카르멘〉은 당신 작품 중에서 내가 가장 좋아하는 작품이지."

아빠가 달콤하게 속삭였다.

"맞아."

엄마가 윙크하며 말했다.

"그리고 난 그 이유를 알지."

엄마는 아빠 손을 잡고 빙글빙글 돌았다. 아빠는 엄마보다 키가 약간 더 크고, 그레타는 두 분이 잘 어울린다고 생각했다.

"당신이 가장 좋아하는 작품은 뭐지?"

아빠가 물었다.

엄마는 눈을 반짝이며 빙그레 웃었다.

"내가 제일 좋아하는 작품은 그다음 작품이란 걸 당신도 알잖아."

엄마가 대답했다.

"크세르크세스(헨델의 오페라)."

아빠가 활짝 웃었다.

"그래야겠지. 그걸 우리 스스로 제작하느라 많은 돈을 투자했으니까. 당신이 아치펠라그에서 다시 노래를 하면 그곳은 분명 크게 울릴 거야!"

아치펠라그는 스톡홀름 바다 가까이에 있는 오페라 하우스이며, 엄마가 가장 좋아하는 공연장이다.

엄마가 부끄러워하며 말했다.

"사람들이 그러는데, 바다 공기에 가까워서인지 내 콜로라투라(18~19세기 오페라의 아리아 등에 즐겨 쓰인 선율)는 더 많은 감탄을 불러일으킨대."

엄마는 자신이 잘난 체한다고 느꼈는지 얼굴이 빨개져서 쑥스러워했다.

엄마는 콘트랄토(알토)도 부를 수 있는 소프라노인 메조소프라노였으며, 엄마가 부르는 콜로라투라는 공연의 음악적 완성도를 높였다. 마치 크리스마스트리에 장식을 더하는 것처럼.

아빠는 엄마의 손을 잡았다.

"최고의 공연이 될 거야."

엄마가 억지로 웃음을 지으며 말했다.

"그리고 내 마지막 공연이 되겠지."

엄마는 은퇴할 계획이었다. 부부는 상의해왔으며, 엄마는 두 딸을 기르는 데에 더 많은 시간을 쓰기로 결정했다.

엄마는 베아타가 활짝 웃고 있다는 걸 알아차렸다.

"우리 베아타는 왜 이렇게 행복해 보일까?"

"엄마가 어딘가로 가버리지 않을 테니까요."

베아타가 대답했다.

엄마는 둘째 딸을 안아주었다.

"베아타 말이 맞아. 엄마가 늘 너희들 곁에 있어야 하는데. 베아타는 엄마가 필요하지?"

엄마가 농담을 했다.

"네!"

베아타는 소리를 지르며 엄마를 다시 끌어안았다.

그레타도 웃었지만 은퇴라는 말에 좀 걱정스러워졌다. 부부는 그레타가 말을 하지 않거나 베아타가 발작을 일으킬 때마다 반복해서 이 문제를 의논했다. 그레타는 자신이 이기적이라는 것도 알고 있었다. 그레타에게 엄마가 은퇴한다는 것은 자신이 진심으로 좋아하는 여행을 더는 못하게 되리라는 의미였다. 그때 그레타가 곁눈으로 뭔가를 보았다. 온 가족이 거실에 있었지만 부엌 불은 여전히 켜져 있었다.

"엄마, 부엌 불을 *끄셔야겠어요*."

그레타가 장난스럽게 말했다.

"절약해야죠!"

엄마는 그레타가 막 분위기를 바꾼 걸 깨닫고, 깔깔대며 웃었다. 그레타의 귀에 들렸던 웃음소리는 완전한 음악이며 행복이었다. 그레타는 이를 결코 잊지 않았다. 이런 행복감을 다시 느낄 수 있게 되기까지는 오랜 시간이 걸렸기 때문이다.

다음날 아침, 그레타는 평소와 같이 등교했으나 선생님은 색다른 것을 준비해 두었다. 세계의 상황과 위태로운 환경에 관한 다큐멘터리를 보여준 것이다.

그레타는 굶주린 북극곰들이 등장하는 영상을 보면서 큰

슬픔을 느꼈다. 영상은 홍수, 허리케인, 토네이도와 같은 기상 이변이 마을들을 파괴하는 모습, 칠레 해안으로부터 떨어진 곳에 위치한 커다란 플라스틱 쓰레기섬의 모습을 보여주었다. 쓰레기섬은 멕시코만큼이나 컸으며, 이 모든 장면은 그레타에게 큰 충격으로 다가왔다.

그레타에게 슬픔이 자라났다. 그레타는 모든 것이 사라지고 있다고 느끼며, 자신이 그간 중요하게 생각했던 모든 것도 의미를 잃었다고 생각했다. 그레타는 우울해졌다. 그레타를 제외한 교실 안의 누구도 이를 주목하지 않았으며, 선생님조차도 거대한 쓰레기섬에 별문제가 없다는 듯 수업을 이어나갔다.

"그레타, 너희 어머니는 오페라 가수로서뿐만 아니라 환경 운동가로서도 유명하시잖니? 네 어머니와 이야기해 본 적이 있는데, 너희 가족에겐 환경과 관련된 경험이 많더구나. 영상을 본 소감을 우리와 나누지 않겠니?"

"전 너무 화가 나요."

그레타는 간신히 말을 내뱉고 더는 말하려 하지 않았다. 그레타의 마음속에 무언가 꿈틀거리고 있었다.

"저런."

선생님이 놀라서 말했다.

"화가 나야만 해요."

그레타가 말을 이었다.

"이건 끔찍해요. 전 정말 걱정이 돼요. 지구가 위험하잖아요. 우리는 이 문제를 해결하기 위해 대체 뭘 하고 있는 거죠?"

선생님이 어깨를 으쓱하며 말했다.

"우리는 누군가가 그걸 해결해주기만을 기다리는 수밖에 없어. 기후과학은 진짜지만 모든 사람이 그걸 믿진 않는구나."

그레타는 분개했다.

"왜요? 어떻게 그럴 수 있어요? 사람들은 자신들 눈을 믿지 않나요? 과학도 믿지 않아요?"

교실 안 몇몇 학생이 그레타를 향해 웃기 시작했다.

그레타는 눈물이 차오르는 걸 느끼는 동시에 한층 더 슬퍼졌다.

"기후과학은 과학이에요."

그레타가 중얼거렸다.

"그렇지 않아요?"

그레타는 자신이 작동을 멈추고 있다는 느낌이 들었다. 그것은 그레타가 배우고 믿었던 모든 것이 틀렸다는 이야기와 같았다.

선생님도 그레타만큼 답답해했다.

"그래."

선생님이 말했다.

"하지만 불행하게도, 기후과학은 경제를 위해서는 좋지

않거든. 예를 들어 정유산업을 보자. 정유산업에 종사하는 사람들은 자신들의 사업이 기후과학에 달려 있기 때문에 그에 맞서 싸우고 있어."

그레타는 선생님의 말씀을 곱씹어 보았다.

'선생님은 왜 우리에게 이런 말씀을 하고 계실까?'

그레타는 상황이 자신이 생각했던 것보다 나쁘다는 사실을 알고 싶지 않았다. 분노와 좌절감을 느낀 그레타는 머리를 흔들었다. 한마디도 더는 말하고 싶지 않았다. 그레타에게는 너무 힘든 일이었다. 그레타가 울기 시작하자, 교실 안은 온통 웃음소리로 가득해졌다. 선생님은 어찌할 바를 몰랐다.

"나, 나는 월요일에 학교에 없을 거야."

선생님이 말했다.

"결혼식에 참석하러 뉴욕에 갈 예정이거든."

그레타는 믿을 수 없다는 듯 선생님을 빤히 쳐다보았다.

굶주린 북극곰, 쓰레기섬, 죽어가는 지구가 선생님에게는 안중에도 없는 듯했다. 점심시간 종이 울리자, 아이들은 모두 교실 밖으로 뛰쳐나갔다. 그레타는 맨 마지막으로 나서면서, 칠판을 지우고 있는 선생님의 뒷모습을 한 번 더 바라보았다. 잠시 후, 그레타는 평상시와 같이 학교 식당에서 배식을 받기 위해 트레이를 들고 줄을 섰다. 하지만 배식하는 분이 햄버거를 담아주려 하자 그레타는 거부했다.

"그레타, 네가 늘 먹던 거잖니?"

아주머니가 말했다.

그레타는 햄버거를 쳐다보았다.

"못 먹겠어요. 이건 생명체를 갈아낸 고기잖아요!"

그레타는 햄버거를 입에 대지도 않고 식당 밖으로 뛰쳐나가서 다시 울기 시작했다.

집에 돌아온 그레타는 예전의 그레타가 아니었다. 엄마가 먼저 눈치를 채고 무슨 일이 있었는지 물었지만, 그레타는 대답하지 않았다. 그레타는 가족들을 못 본 척하고, 반려견 모세 곁에 가서 앉았다. 모세의 털을 쓰다듬는 사이 긴 시간이 흘렀다. 엄마와 아빠가 그레타에게 말을 걸어보려고 했으나 그레타는 대답을 거부했다.

마침내 그레타는 울음을 멈추었지만, 그레타의 행동은 온 가족을 속상하게 만들었다. 그들은 무슨 일이 일어났는지 알고 싶어 했다.

하지만 그레타는 입을 꾹 다문 채 말하려고도, 먹으려고도 하지 않았다. 밤이 되어 잠자리에 든 그레타는 방문을 걸어 닫고, 침대에 얼굴을 파묻고 한참을 울었다.

아침이 되자 아빠는 그레타를 학교까지 태워다주며 말을 걸려고 애썼지만, 그레타는 여전히 침묵을 지켰다.

그레타는 학교에서조차 말하지도 먹지도 않았다. 결국 선생님이 아빠를 불렀고, 아빠는 차를 몰고 가서 그레타를 집으로 데려왔다. 모세 곁으로.

또다시 그레타는 먹는 것을 거부하고, 단 한마디도 하지 않았다. 누구도 이유를 알지 못했다. 그레타의 입술은 걱정과 우울함으로 굳게 닫혀 있었고 그 누구의 질문도 받지 않았다. 그레타는 스스로 작동을 멈추었다. 시동이 꺼지고 열쇠도 없는 자동차처럼.

그레타가 음식을 먹고 말을 하도록 아빠와 엄마가 달래며 애쓰는 사이 며칠이 흘렀다. 그들은 맏딸에게 심각한 문제가 생겼음을 느끼고 있었고, 그 일이 무엇인지 알아내고자 결심했다.

실제로 엄마는 마지막 '크세르크세스' 공연 후 일을 그만두었다. 그리고 딸들, 특히 그레타에게 모든 시간을 바치리라 맹세했다. 여전히 그레타는 거의 먹지 않으며, 아주 필요한 때를 제외하고는 말하려 하지 않았다.

4장
—
아스퍼거 장애와
아보카도

엄마가 뇨키를 만들었다. 이탈리아 만두인 뇨키는 그레타
가 좋아하는 음식 중 하나였다. 하지만 그레타는 먹으려 하
지 않았다. 엄마는 다시 그레타가 좋아하는 아보카도를 권
했다. 여전히 그레타는 거부했다. 그레타는 모든 것을 거부
했다.

엄마는 울고 싶었지만 참았다. 엄마는 강해져야 했다. 필
사적인 심정으로 무엇이든 시도해보고자, 엄마는 영양도 챙
기면서 그레타가 식사를 재미있게 느끼도록 계획을 세웠다.

그레타의 건강은 심각하게 위험해졌으며, 엄마와 아빠는 딸이 고통받는 걸 견딜 수 없었다.

엄마는 레인지 위에 있는, 뇨키가 담긴 냄비를 그레타에게 가져다주며 물었다.

"뇨키가 맛이 없어 보여?"

"너무 질어요."

그레타는 엄마의 눈길을 피하며 식탁을 응시한 채 대답했다.

엄마는 냄비를 아빠에게 도로 건네주었다.

"조금만 더 익혀줘."

엄마가 말하자, 아빠는 냄비를 레인지 위에 다시 올려서 1분간 더 익혔다. 엄마가 냄비에서 뇨키 한 개를 덜어내 후후 불면서 그레타의 접시에 올려놓았다.

"이제 어떤지 좀 보렴."

그레타는 엄마와 아빠를 번갈아 쳐다보았다. 그리고 뇨키

를 집어 들어 냄새를 맡고, 손으로 굴려보다가 접시에 놓고
는 고개를 끄덕였다.

"좋아."

엄마가 말했다.

"열 개만 먹어보자!"

"그건 잘못된 숫자예요."

그레타는 고개를 흔들며 말했다.

엄마가 한숨을 내쉬었다.

"그럼 뭐가 맞는 숫자야?"

그레타는 생각해보았다.

"세 개요."

엄마는 고개를 저었다.

"세 개는 영양을 공급하기에 충분치 않아. 건강에도 좋지
않아."

그레타가 조용해졌다.

"일곱 개."

엄마가 말했다.

"일곱 번만 베어 먹자. 그렇게 많지 않아."

그레타는 고개를 흔들었다.

"다섯 개요."

엄마는 아빠를 곁눈질로 보고 나서 가장 어려운 협상 상대에게 시선을 돌렸다.

"좋아, 다섯 개."

엄마가 고개를 끄덕이자 아빠는 뇨키 다섯 개를 숟가락으로 떠서 그레타의 접시로 옮겼다. 엄마가 미소를 지었다.

그레타도 미소를 지어 보이고 나서, 접시 위에 놓인 뇨키 다섯 개로 관심을 돌렸다. 그레타는 20분 동안이나 접시를 빤히 쳐다보았다.

엄마와 아빠는 그레타 바로 앞에서 늙어가는 기분이었다. 드디어 20분 후, 그레타가 뇨키 하나를 포크로 집어 들어 자

신의 얼굴 앞에서 빙빙 돌리며 냄새를 맡더니 아주 조금 베어 먹었다. 한 입 베어 먹은 부분이 너무 작아서 투명하게 보였다. 그렇게 씹어 삼킨 후, 한 입 더 베어 먹었다. 19분 후에야 그레타는 첫 번째 뇨키를 다 먹었다.

2시간 10분이 지나고 나서야 그레타는 마지막 뇨키를 끝냈다.

"배불러요. 더는 못 먹겠어요."

엄마는 의자에 털썩 주저앉았고, 레인지 근처에 서 있던 아빠는 안도의 한숨을 내쉬었다.

몇 주가 지난 후, 엄마와 아빠는 시나몬 빵을 만들고 있었다. 냄새가 마음에 들지 않아 빵을 입에 넣을 수도 없던 그레타는 질겁하여 불안 발작을 일으켰다. 한 시간 넘게 우는 그레타에게 모세가 바짝 다가가 진정시켜 주었다.

기나긴 두 달이 지났다. 그레타는 먹지 않아서 체중이 10kg가량 줄었다. 엄마와 아빠에겐 악몽이었다. 그레타를 멈춰 서게 만든, 그 무언가의 바닥으로까지 가는 길고도 위험한 여정이었으며, 명확한 해결책도 안 보였다. 딸의 생명이 위험하다고 느낀 부모는 마침내 그레타를 아스트리드 린드그렌 어린이병원과 식이장애 환자를 위한 스톡홀름클리닉으로 데려갔다.

가족이 차를 타고 스톡홀름클리닉으로 가는 동안, 그레타는 뒷좌석에서 창밖을 내다보고 있었다. 평소에는 베아타가 뒷좌석에 언니와 함께 앉지만, 아직 학교에 있을 시간이라 하교 시간에 모나 친할머니가 베아타를 데리러 가기로 했다. 그래서 그레타는 홀로 뒷좌석에 앉아 있었다.

"저 다시 건강해질까요?"

그레타가 창밖을 보면서 물었다. 가로수 나뭇잎들이 노랑, 주황, 그리고 황금빛으로 물들었다. 스웨덴에 가을이 왔다. 하지만 그레타에겐 계절이 없었다. 오직 절망뿐.

"물론이지. 우리 딸은 다시 건강해질 거야."

엄마가 앞좌석에서 뒤로 돌아 그레타를 보며 말했다.

그레타는 한참 동안 엄마를 훑어보았다.

"언제쯤이요?"

엄마는 운전 중인 아빠를 힐끔 쳐다보고 고개를 저었다.

"그건 엄마도 모르겠구나."

스톡홀름클리닉으로 출발하기 전, 그레타는 테스트 결과를 기다리는 동안에 읽을 책을 챙겼다.

"무슨 책을 골랐니, 그레타?"

아빠가 스톡홀름클리닉이 있는 거리로 차를 몰면서 물었다.

"아빠의 증조할머니 사촌이 쓴 책이요."

그레타가 활짝 웃으며 말했다.

"그 파란 책 말이에요."

아빠는 싱긋 웃으며 옆좌석에 앉아 있는 엄마를 살펴보았다.

그레타가 몇 개의 힘든 테스트를 마치고 나서 한 시간이 지나, 마침내 한 정신과의사가 대기실에 고개를 내밀었다.

그레타가 먼저 올려다보았다. 지난 몇 달에 걸쳐 스스로 조사를 해본 그레타는 이미 해답을 알고 있었다. 그레타는 자신의 증상이 무엇인지 알고 있었는데, 그건 거식증이라는 식이장애가 아니었다. 그것은 정체를 숨긴 위험한 질병이었다. 그레타는 특정 이유로 인해 음식을 끊은 것이었다. 그레타는 병이 날 만큼 지구를 걱정하고 있었다.

"아스퍼거 장애입니다."

의사가 대기실에 그레타 가족만 남았을 때 말했다.

"또한 그레타는 자폐 스펙트럼 장애가 있는 것이 분명합니다."

엄마가 울음을 터뜨렸다.

"설명하기 조금 복잡하지만, 그건 그레타에게는 장애가 되지 않습니다. 그레타는 사고에 융통성이 없어요. 강박증이나 완벽주의라고 할 수 있겠네요. 일반적으로 어떤 일을 할 때엔 맞는 방법이 있죠. 그레타에게도요. 그런데 누군가 그 일을 다르게 할 경우, 그레타는 혼란에 빠질 수도 있다는 걸 의미할 뿐입니다. 그레타의 마음에서는 모든 것이 흑백으로 되어 있어요."

그레타의 호흡이 거칠어졌다.

"왜 그러니?"

엄마가 맏딸을 위로하며 물었다.

"선생님 말씀이 맞아요! 자폐 부분만 빼고요. 제가 찾아 봤어요."

의사가 싱긋 웃으며 말했다.

"그래? 네가 찾아봤다니, 아스퍼거 장애는 엄밀히 말해 그 자체만으로는 진단되지 않는다는 걸 넌 이미 알고 있겠 구나. 그건 자폐 스펙트럼 장애라고 하는 더 넓은 범주의 한 부분이란다. 그 결론에 도달하기까지 얼마나 많은 책을 찾아봤니?"

그레타가 적당히 얼버무렸다.

"왜요? 물론 한 권이죠."

의사는 환하게 웃었다.

"그래. 너는 한 권만 참고해 보고 싶었을 거야. 아스퍼거 장애 때문이지."

그레타가 웃었다.

"선생님이 또 맞아요!"

대부분의 소리를 음표로 듣는 엄마는 그레타의 웃음을 C 키로 인식했다. 그것은 음악적인 웃음이었으며, 엄마 또한 자신의 갑작스러운 감정의 분출에 놀라서 손으로 입을 가렸다.

"물론 선생님 말씀이 맞지, 그레타."

"감사합니다."

의사가 말했다.

아빠는 엄마에게 손수건을 건네주었고, 엄마는 눈가를 닦

왔다.

"하지만 그레타의 식사는요?"

엄마가 흐느꼈다.

"우울증은요? 우리가 진단 결과를 알아냈다고 해서 그게 그레타를 위해 뭐라도 변화시켜주는 건 아니잖아요?"

"주말까지 아무 변화가 없으면 치료를 위해서라도 그레타를 병원에 입원시켜야 할 겁니다."

의사가 말했다.

그레타가 갑자기 걱정스러운 듯 말했다.

"하지만 전 병원이 필요하지 않아요."

"유감스럽지만, 네가 계속 굶는다면 다른 방법이 없단다."

그레타는 조용해졌고, 머릿속에서 바퀴가 돌아가는 듯 윙윙거렸다.

잠시 후 상담이 끝나서 그레타와 부모는 뒤쪽 계단을 통해 거리로 나왔다. 그레타가 엘리베이터 타기를 원하지 않아서였다.

그레타는 가장 먼저 계단을 내려갔으며, 좀 더 행복해 보였다. 늘 앞서 걷는 그레타는 맨 아래쪽에 도착하자 뒤로 돌아 엄마와 아빠를 보며 말했다.

"저 다시 먹기 시작할래요."

이번에는 엄마가 제대로 말을 할 수 없었다.

"집에 도착하면 바나나로 시작해보자."

아빠가 말했다.

"아뇨. 다시 정상적으로 먹고 싶어요. 아스퍼거 장애와 아보카도요."

엄마가 빙그레 웃었다.

직업이 배우인 아빠는 이번 말고는 한 번도 무슨 말을 해야 할지 몰랐던 적이 없었다. 아빠의 기분이 바로 변했다. 다시 행복해진 아빠의 눈에 눈물이 차올랐다. 아빠는 그레타의 상태를 살피면서 생긴 온갖 스트레스에도 불구하고, 한 번도 울지 않았다. 아빠는 눈물이 흐르게 내버려 두었고, 눈물은 아빠의 뺨을 따라 흘러내렸다.

평상시 아빠는 눈물을 감추지만, 이번에는 신경 쓰지 않았다. 아빠의 눈물에 엄마도 따라 울어 버렸고, 그레타까지 울기 시작했다. 순식간에 세 사람은 차 안에서 눈이 새빨개지도록 울고, 집으로 가는 내내 울음을 멈추지 않았다.

그레타가 집 안으로 들어서자, 모세가 그들을 반겼다. 그레타는 모세를 꽉 안으며 말했다.

"모세는 제가 다시 괜찮아질 거란 걸 아나 봐요."

5장
—
난민처럼 살아보기

아무것도 먹지 않고 지내던 날들로부터 몇 달이 지난 뒤, 그레타는 희망에 차서 깨어났다. 그레타가 가지고 있던 깊은 우울의 장막은 오래된 피부가 벗겨지듯이 떨어져 나갔다. 스톡홀름클리닉에서 출발해 집에 도착하자마자 그레타는 녹색 사과 하나를 다 먹었다. 그리고 그레타는 라이스, 아보카도, 바나나, 칼슘약, 팬케이크와 같이 결코 바꾸고 싶지 않은 것들로 식단을 결정했다. 그레타는 라이스를 넣어 돌돌 만 팬케이크를 좋아했다. 아스퍼거 장애로 인해 그레타가 먹는 음식에 변화가 생기진 않았다. 이는 특별히 관심 있는 것에만 강박적으로 빠져드는, 아스퍼거 장애가 갖는 단일성이다.

다음 날 아침, 그레타는 자신이 해야 할 일을 알고 있었으나 세부 내용이 결정될 때까지는 머릿속에서만 궁리를 했다. 머리로 생각하는 것은 안전하기 때문이었다.

크리스마스가 다가오자, 그레타는 학교에서 또다시 어려움에 봉착했다. 지난 가을, 베아타는 4학년이 되었고, 그레타는 7학년이 되었다. 그레타의 우울증은 '졸로프트'라고도 알려진 항우울제 설트랄린 처방으로 사라졌다. 증상을 억제하면서, 그레타의 총명함은 꽃을 피웠다. 그레타는 사진처럼 정확한 기억력을 되찾았으며, 그중 하나로 원소 주기율표를 1분 이내에 외울 수 있었다.

그레타의 총명함과 학업 능력에 선생님들은 감명을 받았지만, 많은 또래 아이들은 그렇지 않았다. 그레타는 누구와도 좀처럼 말을 하지 않았는데, 그레타만 그랬던 것은 아니었다. 다른 아이들은 자신들이 인사를 해도 대답하지 않는 그레타를 이해할 수 없었다. 아이들은 그레타의 자폐증과 아스퍼거 장애를 이해해주기는커녕 그레타가 잘난 체하는 거라고 여겼다.

그들 중 몇 명의 아이들은 그레타를 괴롭히기로 결심했다. 어느 날 그레타가 화장실에서 나오자, 세 명의 여자아이들이 그레타를 화들짝 놀라게 한 뒤 두들겨 팼다. 그레타는 얼굴과 팔에 상처가 나고 푸른 눈까지 멍든 채로 집까지 걸어왔다. 그레타가 집에 도착하자, 엄마와 베아타는 상처를 치료하고 멍든 눈에 얼음 팩을 해주었다.

아빠가 들어와서 그레타의 이마에 뽀뽀했다.

"걱정하지 마, 우리 딸, 우리가 해결할 거야."

"뭐라고?"

엄마가 쏘아붙였다. 엄마는 이 모든 일에 완전히 지쳤다.

"우리가 뭘 어떻게 하면 되는데?"

그레타는 스웨덴 속담을 인용하면서 웃으며 말했다.

"엄마, 누구나 다 아는 얘기 있잖아요. '도움이 필요하면 네 자신을 돌아보라'는 말이요."

엄마가 웃음을 터뜨렸다.

"우리 그레타 말이 정말 맞는걸!"

다음날, 걱정스럽고 화도 난 엄마와 아빠가 학교에 나타났다. 교장 선생님은 자신의 맞은편 의자에 앉아 있는 툰베리 부부에게 미소를 지었다. 그레타는 사무실 밖 대기실에 남아 있었다.

"부모님께 알려드릴 일이 있습니다."

그가 말하기 시작했다.

"여러 학생들이 그레타가 이상하게 행동한다며 불만을 얘기합니다."

"저희 딸이 공격을 받았다고요!"

엄마가 화를 내며 말했다.

"그런데 교장 선생님께선 저희 딸을 탓하시는 건가요?"

"글쎄, 전."

그가 대답하기 전에, 아빠가 끼어들었다.

"여보, 교장 선생님의 말씀이 의미하는 건 그게 아닌 것 같소."

아빠가 교장 선생님 쪽으로 몸을 돌리며 말했다.

"그렇죠?"

"글쎄, 저는."

그는 그 부분에서 말이 막힌 듯, 더는 의사소통이 어려워 보였다.

"음, 제가 교장 선생님이 하실 말씀을 도와드리죠. 조금 전 말씀하신 '이상하게'라는 말이 무슨 의미인가요?"

아빠도 점점 더 화가 나서 물었다.

교장 선생님은 클립보드를 꺼내서 페이지를 젖히고 난

후, 어떤 목록을 가리키며 읽어 내려갔다.

"많은 아이들이 말하길, 그레타에게 뭔가를 부탁하거나 말을 걸면, 그레타는 너무 설렁설렁 얘기한답니다. 그레타는 아이들이 반겨도 전혀 인사하지 않는다고도 합니다."

방 안에 침묵이 흘렀다.

"맨 나중에 알게 되는 사람이 교장 선생님일 수도 있겠지만, 믿기 어렵네요."

점점 커지는 목소리로 엄마가 내뱉었다.

"죄송하지만, 무슨 말씀인지 이해가 안 되는군요. 뭘 가장 나중에 안다는 말씀이십니까?"

그가 초조해하며 물었다.

"그레타는 자폐 스펙트럼 장애를 가지고 있어요. 아스퍼거 장애라고 하네요."

엄마는 인내심을 잃었고, 아빠는 엄마를 흘낏 보며 진정시키려는 눈짓을 보냈다.

"전 몰랐습니……."

그는 말을 끝내지 못했다.

아빠와 엄마는 서로의 얼굴을 바라보았다. 부모는 다른 학교를 찾아야 한다는 걸 알고 있었다. 그들은 딸을 보호해야 했다.

일주일 후, 그레타는 새로운 계획을 갖고 학교로 돌아가기 전, 눈을 텔레비전에 고정시켜 놓고 거실 안 자신의 의자에서 몸을 앞으로 기울였다. 그레타는 무시무시한 뉴스를 보았다. 시리아 전쟁이 엄청난 피해를 가져오고 있었다. 수백만 명의 난민이 전쟁으로 짓밟힌 사막을 지나 지중해를 건너 유럽으로 도망치고 있었다.

"베아타, 빨리 와봐!"

그레타가 불렀다. 베아타는 자기 방에서 나와 언니 옆으로 가서 함께 뉴스를 보았다.

"이건 끔찍해!"

그레타가 말했다.

"우리는 뭔가 해야만 해."

"하지만 우리는 아이들이잖아."

베아타가 말했다.

"특히 나 말이야."

그레타가 생각해보더니 말했다.

"괜찮아, 우리가 도울 수 있는 일이 있을 거야."

스톡홀름시는 멜라렌호가 발틱해와 만나는 스톡홀름 군도 상의 14개 섬으로 이루어져 있다. 스톡홀름 카운티에는 수많은 섬들이 있는데, 그중 16번째로 큰 섬이 암각화라는 수수께끼를 지닌 잉가로이다. 암각화는 북유럽 청동기 시대 이후부터 인간이 거주했다는 증거이다. 대부분의 스웨덴 사람에게 잉가로는 특별한 선물이다. 특히 그레타 가족에게 있어서 잉가로는 낙원이다. 그들은 스톡홀름 중심부에서 33

킬로미터 떨어진, 엄마가 오페라를 공연했던 아치펠라그가 있는 그 섬에 여름 별장을 지었다.

스웨덴 사람들에 관한 중요한 사실 하나는 어려운 사람을 돕기에 주저함이 없다는 점이다. 부당함에 거부하는 태도는 그들의 핏줄에 흐른다. 툰베리 가족도 예외가 아니었다.

2015년 가을, 전쟁으로 난민 위기가 유럽을 강타했을 때 잉가로는 그레타 가족에게 여름 별장 그 이상이었다. 수백만의 난민이 육로와 해상을 통해 코소보, 아프가니스탄, 알바니아, 이라크 및 다른 많은 나라에서 들어왔다. 대부분의 난민은 시리아에서 왔는데, 그 나라가 국토를 황폐하게 만든 전쟁 때문에 점점 더 위험해지고 있었기 때문이다. 독일에 도착한 많은 시리아인은 살 곳을 찾아 더 위쪽에 위치한 노르웨이와 스웨덴으로도 이주했다.

그레타는 안절부절못하며 두 손을 꼭 쥐고 말했다.

"저 사람들은 살 곳이 필요해. 그들 모두에겐 집이 없잖아."

"우리가 뭘 할 수 있어?"

베아타가 물었다.

그레타는 생각을 해보았다.

"저 사람들을 잉가로에 있는 우리 여름 별장에서 살게 하자!"

"저 사람들 모두?"

베아타가 놀라서 외쳤다.

그레타는 웃었다.

"그렇게 된다면 멋진 광경이겠지? 사람들이 우리 별장이랑 섬에 있는 다른 모든 집이랑 스톡홀름에 이르는 모든 들판과 도로, 바다를 채우게 될 테니까!"

베아타가 부끄러워했다.

"언니 말이 맞아. 우리 가족부터 시작하자."

"좋은 생각이야."

그레타가 대답했다.

6장

열린 마음

아빠와 엄마는 잉가로섬에 있는 가족의 여름 별장 옆 보도에 서 있었고, 베아타와 그레타가 그들 앞에 서 있었다. 그레타는 종종거리며 마음을 졸이면서 기다리고 있었고, 베아타는 늘 그렇듯이 자신의 왼발이 보도블록 네모 칸의 정확한 지점에 오른발보다 앞쪽에 있는지를 확인하며 빤히 내려다보고 있었다.

"저기 왔어요!"

그레타가 소리쳤다.

"우리 시리아 손님들이요!"

버스가 별장 가장자리에 있는 정류장에 멈춰서고 앞문이 스르르 열리자, 온 가족은 흥분했다. 버스에서 내린 남자는 돌아서서 운전기사에게 손을 흔들었고, 기사도 손을 흔들고는 문을 닫았다. 버스는 작은 섬을 한 바퀴 도는 도로를 따라 부르릉거리며 사라졌다.

툰베리 가족은 난민 손님들이 별장에 도착하기 전에 그들에게 필요한 생필품과 식료품을 사다 놓았으며, 버스 요금역시 지불해 두었다. 손님 부부는 여행용 트렁크를 끌었으며, 그레타와 베아타보다 어린 세 아이는 국가에서 지급한배낭을 메고 있었다. 배낭은 새 옷과 더불어 독일에서 기차로 스톡홀름까지, 그리고 마침내 잉가로섬까지 오는 긴 여정 동안 먹을 과일과 크래커, 견과류들로 불룩했다.

손님들은 별장을 향해 걸어가면서 경이로운 눈으로 주변을 둘러보았다. 아이들은 말이 없고 어두웠다. 통상 난민들의 여정은 스웨덴 고틀란드섬에 도착하기 훨씬 전부터 시작됐다. 그들도 역시 신발이 필요 없어진 부상자들의 낡은 신발을 신고 160킬로미터를 걸어야 하는, 길고도 힘든 과정을 겪었다. 그리고 마침내 버스를 타고 툰베리 가족 별장 문 앞에 오는 것으로 모든 여정은 끝이 났다.

"세상에!"

엄마가 낮은 목소리로 중얼거렸다. 엄마는 그들이 평범한 가족이 아니라, 스웨덴에서 그다지 멀지 않은 곳에서 일어난 끔찍한 전쟁의 생존자라는 걸 깨닫고 충격을 받았다.

아빠가 앞에 나서서 새로이 받아들인 가족을 맞이했으며, 두 가족은 서로에 대해 알기 위해 집 안으로 들어갔다.

가을과 겨울에 걸쳐서, 툰베리 가족은 주말마다 별장에 머무는 손님을 방문했다. 손님 가족은 다마스쿠스(시리아의 수도) 이야기와 전쟁으로 파괴된 시리아에서 일어난 이야기를 들려주었고, 자신들이 좋아하는 음식을 요리했다. 그레타는 레인지나 식탁 위로 몸을 구부려 스튜와 음식의 냄새를 맡기는 했지만, 먹을 때가 되면 음식에 손도 대지 않았다. 반면에 베아타는 모든 시리아 음식을 용감하게 먹어치웠다.

그레타는 예의 발랐지만, 그해 겨울에는 자신을 위한 제한된 식단을 고집하고 있었다.

소리 소문 없이 봄은 찾아왔다. 그레타와 베아타는 새 학기를 위한 계획을 세웠으며, 툰베리 가족은 스톡홀름에 있는 집으로 돌아갔다. 그다음 날이 개학일이었다. 엄마는 그레타의 식사를 계획해서 준비하였다. 그리고 그것들을 개별 용기에 담아 각각의 용기에 그레타의 이름표를 붙인 후, 다음 날 점심때까지 신선함을 유지하도록 냉장고에 넣어 두었다. 이는 그레타가 음식 용기들을 학교로 가지고 가서 그곳 냉장고에 넣어둘 수 있게 하기 위해서였다.

그날 저녁, 엄마와 아빠가 텔레비전을 시청하고 있는 동안 그레타가 부엌으로 갔다.

잠시 후 그레타가 고통스럽게 비명을 질렀다.

엄마와 아빠는 부엌으로 달려가서 머리를 흔들며 냉장고 문을 연 채로, 그 앞에서 얼어붙은 듯 서 있는 그레타를 발견하였다.

"전 이거 못 먹어요. 전 이거 못 먹어요."

그레타가 반복해서 말했다.

"떼 주세요! 떼 주세요!"

엄마는 그레타를 품에 안았다.

"뭘 떼라는 거야, 그레타?"

이제 그레타는 떨고 있었다.

"이름표요."

그레타가 말했다.

"저, 전 이름표가 붙어 있으면 못 먹어요!"

그레타는 엄마의 품에서 벗어나 부엌 밖으로 나간 뒤 자신의 방으로 뛰어 들어갔다.

엄마와 아빠는 서로를 쳐다보았다.

"난 절대 이 일을 바로잡을 수 없을 거야."

엄마가 흐느끼며 아빠 품으로 쓰러졌다.

"아니, 당신은 할 수 있어."

아빠가 위로했다.

"그냥 이름표를 떼어버리면 되겠네."

엄마는 눈물을 닦았다.

"그러게."

엄마는 진정하고 아빠의 눈을 보며 말했다.

"그렇게 하면 되겠어. 나도 참 이렇게 멍청하다니!"

엄마가 농담을 했다.

아빠는 웃으면서 말했다.

"우리는 매일 새로운 걸 배우고 있어"

"그래?"

엄마가 말했다.

"그럼 우린 오늘 뭘 배웠지?"

"아이를 기르는 일은 겁쟁이가 할 수 있는 일이 아니다!"

엄마는 웃었다.

"우리 아이들이 사용 설명서와 같이 왔다면 좋았을 텐데."

엄마가 이름표를 떼고 냉장고 문을 닫는 사이 아빠가 웃으며 기다렸다. 부부는 거실로 돌아가서 보던 프로그램을 계속 시청했다.

그날 이후로 오랜 기간 그레타는 점심 도시락 안에 담긴 것만을 먹었다. 라이스를 넣고 돌돌 만 팬케이크 말이다. 그리고 도시락에는 절대 이름표가 붙지 않았다.

7장
—

도서관

다시 괴롭힘을 당할 거라는 두려움 때문에 그레타는 학교 도서관을 도피처로 삼았다. 선생님은 쉬는 시간과 체조 시간 동안 일주일에 두 시간씩 개인지도를 해주었는데, 그 시간 동안 그레타가 수업에서 놓친 부분을 보충해주었다.

매일 그레타는 다른 아이들의 잔인한 행동과 괴롭힘을 피해 도서관을 통해 학교로 숨어들어 갔으며, 방과 후에도 도서관을 통해 아빠가 기다리고 있는 차까지 발소리를 죽이며 걸어갔다.

"모든 아이를 무시할 수는 없는데."

엄마가 말했다.

"넌 친구가 필요해."

그레타는 고개를 저으며 말했다.

"전 친구 필요 없어요. 쟤들은 그냥 애들이에요."

그동안 학교에서는 그레타의 사고와 상처를 그레타의 탓으로 돌리려 했다. 하지만 엄마와 아빠는 모든 이메일과 증거를 모은 사례를 학교위원회로 가져갔다. 결국 위원회는 엄마와 아빠에게 유리하게 판결을 내렸지만, 그레타는 여전히 증오의 대상이 되어 왕따를 당했다. 그레타는 오해받고 있었다. 그레타는 남들과 달랐고, 다름은 저주와 같았다. 하지만 아이들이 그레타를 괴롭힐수록 그레타는 강해져 갔다.

도서관에서 보낸 날들은 그레타의 기억에 남았다. 선생님은 늘 늦지 않게 쉬는 시간과 체조 시간에 맞추어 왔으며, 그레타는 책을 읽으면서 자신이 배우는 모든 과목을 이해했다. 그레타는 정확한 기억력으로 모든 시험에서 항상 고득점을 받았다. 그레타는 선생님에게서 많은 것을 배웠을 뿐아니라 사람들에 관해서도 많이 배웠다. 최소한 한 사람, 자기 자신에 대해서였다.

그레타의 식단은 개선되어 갔다. 그녀는 라이스를 돌돌만 팬케이크에서 졸업하여 연어, 라이스, 아보카도로 식단 범위를 넓혀갔다. 여름이 다가올 무렵, 그레타가 진단 상담을 위해 다시 스톡홀름클리닉에 방문하자 학교 상담 선생님도 그레타를 도와주기 위해 나타났다.

그레타의 몸무게는 늘어나지 않았지만 줄지도 않았는데, 그레타는 어떤 일이 있더라도 절대 식단을 바꾸지 않았다. 또한 그레타는 남 앞에서는 절대로 먹지 않았는데, 이는 아스퍼거 장애 때문이었다.

쓰레기섬에 대한 다큐멘터리는 여전히 그레타의 머리에서 떠나지 않고 있었다. 아무도 다시 언급하지 않았지만, 그레타는 그것을 마음에서 지울 수 없었다. 그레타는 자신이 그것과 강하게 관련된다고 느꼈으며, 기후 공부를 하면서 모든 용어를 익혔다. 그레타는 자신이 비행기를 타면 자신의 '탄소 발자국'이 증가하고, 이를 전 세계 모든 사람에게 확대할 경우, 비행기 타기도 기후위기의 주요 원인 중 하나로 작용한다는 사실을 알아냈다.

과학자들은 지구 온난화의 약 5%는 상업적 비행 때문이라고 추정한다. 비행기는 이산화탄소뿐만 아니라 오존을 생성하는 아산화질소 등 온실가스를 분출한다.

탄소 발자국은 사람의 일상생활이나 제품 및 서비스를 생산하고 유통, 소비, 폐기하는 전 과정에서 발생하는 온실가스 발생량을 이산화탄소 배출량으로 환산한 것을 말한다.

"우리가 지구상에서 지금과 같은 생활방식을 유지하며 살아간다면, 앞으로 우리가 생존하기 위해서는 4.2개의 지구가 필요할 거예요!"

그레타가 저녁 식사 도중에 말했다.

그레타는 믿어야 할 중요한 것을 찾아냈다. 삶의 이유였다. 이것이 그레타를 우울증의 어두움에서 벗어나, 한 가지 목적에만 집중할 수 있는 환한 빛으로 이끌었다. 그레타는 실제로 다시 행복해졌다.

하지만 여동생 베아타는 엄마와 아빠가 자신보다 언니를 편애한다고 주장하며 불만을 품고 그레타를 비난하면서 부정적으로 변해갔다.

아빠는 베아타와 함께 비행기를 타고 이탈리아 서쪽에 있는 사르디니아섬에 여행을 가기로 결정했다. 그레타에게도 제안했지만, 그레타는 비행기 타기를 강하게 거부하며 집에 머물렀다.

"비행기 타는 걸 줄이는 것이 탄소 발자국을 줄이는 가장 좋은 방법이에요."

그레타가 핀잔을 주었다.

사르디니아섬에 착륙한 후, 아빠와 베아타는 섬의 끝자락에 있는 보니파시오 해협 근처의 호텔까지 차로 이동했다. 여름이 끝나갈 무렵, 아빠와 베아타가 사르디니아섬 휴가에서 돌아왔을 때, 아빠는 더 이상 비행기 여행을 하지 않기로 했다.

그레타는 기후에 대해 최대한 많이 배우는 데 전념하기로 결정했다. 또한 쓰레기섬과 글로벌 위기라는 공포를 떨쳐낼 수 없으니 이를 받아들이기로 했다.

예전부터 사람들이 해온 얘기가 있었다. '모든 이들이 날씨에 대해서 이야기했지만, 어느 누구도 그에 대해 아무런 일도 하지 않았다.' 음, 그들은 어리석었다. 기후와 날씨는 전혀 다른 것이다.

이 세상 대부분의 어른들은 이해하지 못했다. 미국 대통령조차도 과학 대신에 미신 같은 이야기를 믿었다. 그레타는 자신을 위해 문이 열리고 있다고 느꼈다. 그레타는 언제나 문이 열리면 그 문을 통해 주저 없이 나아가라고 배웠다. 그레타는 기후에 대해서 무언가 하기로 결심했다.

그레타는 학교 도서관에서 보내는 나날들을 선생님과 함께 중요한 문학 작품을 읽는 데에만 쓰지는 않았다. 그중 절반의 시간 동안 기후과학을 공부하는 데 몰두한 그레타는 인류가 어떻게 멕시코만 한 쓰레기섬을 만들 수 있었는지 이해할 수 있었다.

그레타는 매시간 체조를 하고, 종종 밖으로 나갔다. 마침내 그레타는 기후과학에 대해 잘 알게 되어 그중 한두 가지를 선생님에게 가르쳐줄 수 있게 되었다.

겨울이 되자, 스톡홀름에 있는 굴뚝들에서 연기가 계속해서 뿜어져 나왔다. 그레타에게 연기는 바람에 떠올라 대기를 바꿔놓으며 온실효과를 일으키는 독가스의 흐름으로 보였다. 연기는 그레타가 사랑하는 육지를 보이지 않는 쓰레기장으로 만들고 있었으며, 세상을 하나의 거대한 쓰레기섬으로 바꿔 놓고 있었다. 그레타는 그 사실이 두려웠다.

그레타는 아빠의 증조할머니의 사촌인 스반테 아레니우스를 떠올렸다. 지금이 그분에 대해 더 많이 배워야 할 때라고 마음먹고서, 누구의 눈에도 띄지 않게 책을 읽을 수 있는 비밀 장소를 찾아냈다.

그레타는 퀴퀴한 도서관 서가에서 그분의 책들 중 한 권을 발견하여 꺼냈다. 그리고 조각조각 이어 만든 오래된 창유리를 통해 흘러들어 오는 빛에 의해 부분적으로 밝아진 서가에 기대어 앉았다.

책을 읽어나갈수록, 스반테 아레니우스의 이야기가 그레타의 상상력 앞에서 펼쳐져 그레타를 놀라게 했다.

8장
―
지구를 구하라

스반테 아레니우스는 지구가 천 년간 겪었던 빙하 작용에 사로잡혀 있었다. 빙하 작용이란 빙하 시대를 의미한다. 1896년, 그는 화석 연료를 비롯한 여러 물질의 연소 과정에서 발생하는 이산화탄소가 대기 중에 너무 많아지면 지구 온난화가 일어날 거라고 예측한 최초의 인물이었다. 그는 지구를 온실에 비유하며, 최초로 '온실가스'라는 개념을 만들어낸 사람이기도 하다.

2015년, 누구나 지구 온난화에 대해 이야기하고 있었다.

그러나 그런 사람들이 이를 해결하기 위해 정작 무엇을 했
는가? 아닐 것이다. 적어도 그렇게 보였다.

그레타가 생각하기에 지구 온난화를 걱정한 사람들은 이
문제를 해결하기 위해 무언가를 하고 있어야 했다. 하지만
세상의 많은 사람들은 이러한 일이 일어나고 있다는 사실조
차 인정하지 않았다. 그레타의 엄마가 진심으로 현대 사회
에서 최악의 상징이라고 믿는 미국의 도널드 트럼프 대통
령을 포함해서 말이다. 하지만 지구 온난화가 실제 상황이
라고 믿었다 한들 그들이 정부의 대응에 관심을 가졌을지는
의문이다.

그레타는 두꺼운 책을 쾅 하고 덮으며 일어났다. 그리고
대리석 바닥을 가로질러 중앙 데스크로 돌진해서는 책을 큰
소리가 나게 내려놓고 건물 밖으로 향했다.

"대출은 안 하는 거니?"

사서가 그레타에게 소리쳤다.

"집에 똑같은 책 있어요!"

그레타는 대답하고 도서관 문밖으로 사라졌다.

20분이 지난 뒤 그레타는 아보카도 슬라이스, 뇨키, 지폐만한 팬케이크가 담긴 저녁 식사 접시를 앞에 놓고, 엄마와 아빠의 맞은편 식탁에 앉아 있었다.

"진정하렴, 그레타. 왠지 흥분하고 있는 것 같구나."

엄마가 식탁 건너편에서 손을 뻗어 그레타의 손을 어루만지며 말했다. 그레타는 식탁 위로 몸을 숙일 수 있도록 의자 위에서 무릎을 꿇고 말했다.

"전 침착해요. 그런데 엄마랑 아빠는 이제 별로 시간이 많지 않다는 걸 알고 계신지 모르겠어요! 난방용 기름, 석탄, 화석 연료 같은 것들을 계속해서 태우니까 대기 중에 이산화탄소가 점점 많아지고 있잖아요! 이렇게 많아진 이산화탄소가 대기 중에 갇혀버리니 지구는 자꾸 뜨거워지고 있고요! 우리는 뭔가 해야만 해요!"

"우리가 할 수 있는 건 다 하고 있잖니."

아빠가 말했다.

"가족으로서 말이야. 우리가 재난을 마주하고 있다는 건 알지만, 우리에겐 그 모든 일을 해낼 능력이 없구나."

그레타는 다시 의자에 털썩 앉았다.

"바로 그게 문제예요. 어른들에게 맡겨진 문제인데, 어른들은 아무것도 하고 있지 않아요."

"어른들이 충분히 하고 있지 않다는 의미겠지?"

아빠가 그레타의 말을 정정했다.

그레타는 아빠를 뚫어지게 쳐다보았다.

"전 제가 말한 그대로를 의미해요, 아빠."

엄마가 아빠를 바라보았다.

"그레타 말이 맞아. 세상 사람들의 절반 이상은 우리가 지구 온난화와 관련 있다는 것조차 믿지를 않아. 문제를 해결하기 위해 뭔가를 하는 건 고사하고 말이야."

가족 뒤에 있는 거실 텔레비전에서는 파클랜드 고등학교의 학생들이 등교 거부에 돌입할 거라는 소식이 미국 플로리다주 뉴스로 요란하게 흘러나오고 있었다. 학생들은 교내에서 총기 난사로 17명이 사망한 후 아무런 대책을 내놓지 않는 미국 의회에 항의하기 위해 전국적인 대규모 등교 거부 시위를 준비중이었다. 그레타는 뉴스를 들은 뒤 참지 못하고 식탁에서 일어났다.

그레타는 학생들의 이야기가 펼쳐지고 있는 화면을 골똘히 응시했다. 엄마도 식탁에서 일어나 그레타 곁으로 가 함께 시청했다. 그들은 뉴스가 끝날 때까지 꼼짝도 하지 않았다.

"누군가 기후를 위해서 저런 일을 하면 어떨까?"

엄마가 무심코 말했다.

그레타는 엄마 쪽으로 고개를 홱 돌렸다. 엄마가 옳았다.

"엄마 덕분에 방금 좋은 생각이 떠올랐어요."

"내 덕분에?"

엄마가 말했다.

그레타는 고개를 끄덕였다.

"이제 제가 뭘 해야 할지 알겠어요."

"그 일이 뭔데?"

아빠가 자신의 접시에 붉은 감자 한 스푼을 덜며 물었다.

"네가 뭘 해야 하는데?"

그레타는 웃으며 일어났다.

"너무 분명하잖아요! 엄마가 말한 대로예요. 이걸 좀 더 일찍 생각했어야 해요! 전 파업을 할 거예요!"

바로 그 순간, 스웨덴 수상이 텔레비전에 나와서 기후변화 문제에 관해 담화하고 있었다.

"우리 인간은 때때로 우리 자신을 속입니다. 그중 하나로, 기후변화를 초래한 것은 바로 우리 자신입니다."

그레타가 벌떡 일어서며 외쳤다.

"저분은 거짓말을 하고 있어요!"

엄마는 숨이 턱 막혔다.

"그레타, 아니야! 당연히 인간이지! 설마 우리가 기후변화 문제와 아무 관련이 없다고 믿는 건 아니겠지?"

그레타는 눈이 휘둥그레져서 엄마를 보며 웃음을 터뜨렸다.

"물론 아니에요, 엄마! 단지 저분이 말한 게 사실이 아니라는 얘기예요. 저는 인간이지만 기후변화를 일으키는 일을 한 적이 없어요. 베아타도, 엄마도, 아빠도 말이에요!"

"저분 말씀은 모든 인간이 그런 나쁜 짓을 했다는 의미가 아니야."

엄마가 말했다.

"그건 일반적인 언급이었어. 저분은 '이건 누구의 잘못도 아니다, 따라서 어느 누구도 비난받아서는 안 된다'라고 말하는 거야."

그레타는 잠시 침묵을 지켰다.

"저분이 의도한 게 그 말이라면, 저분 말은 틀린 거예요. 누군가는 책임을 져야 하거든요. 이 많은 온실가스가 자연적으로 생긴 건 아니잖아요. 전 세계에 있는 수많은 기업들 때문이에요. 그 기업들이 이산화탄소 배출에 책임이 있어요. 우리 지구를 죽이고 있다고요. 우리가 뭐든 해야 하지 않아요? 그들이 그 문제에서 그냥 빠져나가게 놔둘 거예요? 지구를 구하기 위해서 우리는 그들과 싸워야만 해요."

"싸운다는 게 무슨 의미지?"

아빠가 물었다.

"플로리다의 학생들처럼 파업, 시위를 하는 거죠. 모든 장소에서요."

그레타가 대답했다.

"음, 그런 식으로 말하면……."

엄마가 말끝을 흐렸다.

그레타는 진지해 보였으며, 울기 직전이었다.

"제가 계산을 해봤어요. 과학자들은 2050년이 지나면 그어떤 것도 생존하는 게 거의 불가능하다고 말해요."

"왜 그런 걸 걱정하고 있어? 아직 한참 남았잖아."

"전 마흔일곱 살이 될 거고요, 저희 세대는 끔찍한 운명을 맞게 될 거예요."

엄마는 그레타의 말을 곱씹어 보았다. 딸이 옳았다.

"우리는 지구를 구해야만 해요."

"네 말이 맞아. 그레타, 우리가 하자."

엄마가 대답했다.

"2078년이랑 2080년에 베아타와 전 각각 일흔다섯 번째 생일을 축하할 거예요. 전 엄마가 무슨 생각을 하는지 알아요. 저희가 그렇게 오래 살 거라는 걸 어떻게 아냐는 거겠죠. 음, 할아버지는 아흔세 살이시고, 증조할아버지는 아흔아홉 살에 돌아가셨어요. 저희도 그렇게 오래 살게 될 거고, 아마 자식들도 손자들도 갖게 되겠죠. 그 아이들에게 이 세상을 어떤 모습으로 물려줘야 할까요?"

"글쎄."

엄마가 허둥대며 대답했다.

"왜 그런 걱정까지 하고 있어?"

"엄마는 왜 걱정이 안 돼요?"

그레타가 대답했다.

엄마는 입술을 깨물며 말했다.

"우리 딸이 하려는 파업은 어떤 모습이야? 뭐가 필요해?"

"피켓이요. 큰 피켓이어야 해요."

피켓에 대해 생각하다 보니 그레타는 점점 더 흥분이 되었다.

"수업 시간에 과학 프로젝트로 만드는 그런 포스터 같은 거요. '기후를 위한 등교 거부'라는 문구를 흰색 피켓에 커다랗고 까만 글자로 써넣어야 해요. 그러면 모든 사람이 쉽게 알아볼 수 있을 거예요."

그레타는 아빠의 반응을 기다렸다. 하지만 아빠는 한참 동안 아무 말 없이 빤히 쳐다볼 뿐이었다.

"음, 아빠는 왜 우리 미래에 대해 한마디도 하지 않아요? 피켓에 대해 어떻게 생각하세요?"

"만약에 비가 오면, 종이 포스터는 젖어서 곤죽이 될 거야." 아빠가 말했다.

"집 밖에 쓰고 남은 커다란 합판 조각이 하나 있어요. 그 걸 써도 돼요?"

"좋은 생각이구나. 네 피켓은 나무로 만들어야 해." 아빠는 말했다.

"그리고 흰색으로 칠해야 해요. 방패처럼 보일 거예요." 아빠가 커다란 미소를 지으며 말했다.

"그렇겠다!"

그레타는 아빠를 껴안았다.

피켓 제작이 그들의 프로젝트가 되었다. 그레타와 아빠는 철물점으로 가서 바탕에 칠할 흰색 페인트와 문구를 쓸 검정색 페인트를 샀다. 그들은 재료를 사서 집으로 돌아오는 길에 창가에 플라스틱 공룡이 진열된 장난감 가게를 발견하고 멈춰 섰다.

"공룡들이 사라진 건 안타까운 일이야. 쟤네들이 주위에 있다면 삶이 지루하지 않을 테니까."

"우릴 잡아먹을걸요?"

그레타가 말하자 아빠가 싱긋 웃었다.

"넌 공룡이 왜 사라졌는지 아니?"

"주요한 이론은 소행성이 유카탄반도에 충돌했다는 거예요. 소행성은 거대한 운석이고요."

"그건 아빠도 알지."

"하지만 그보다 더 많은 사실이 있어요."

"그래?"

"우리는 지금 한정된 지구에서 무한 성장을 질주하고 있어요."

그레타가 슬픈 표정으로 말했다.

"지구 역사상 다섯 번의 대규모 멸종이 있었대요."

아빠가 그레타의 말에 고민하며 대답했다.

"우리 지금 공룡에 관한 이야기를 계속하는 거 아니지?"

"네, 독일 과학자들은 지구상에 있었던 75퍼센트의 곤충 류가 멸종되었다는 사실을 발견했대요."

그레타의 말에 아빠는 낙담했다.

"그렇게나 많이?"

그레테가 고개를 끄덕였다.

"그리고 프랑스에선 새의 개체 수가 급격하게 감소했대요."

"그건 뭘 의미하니?"

"저도 잘 모르겠어요. 아빠는 케빈 앤더슨이란 분에 대해 들어본 적 있어요?"

아빠는 그레타의 손을 잡고 계속 걸었다.

"그럼, 그는 영국 맨체스터대학의 기후학 교수지."

"그분 말에 따르면, 인간의 가장 큰 문제는 항상 모든 일을 빠른 속도로, 한꺼번에 처리한다는 거예요."

"그건 맞는 말 같구나. 하지만 그게 중국산 차(茶) 가격이랑 무슨 관계가 있지?"

"무슨 말씀이에요? 그건 차 하고도, 중국하고도 아무런 관계가 없죠."

"농담이야 농담!"

"아, 알겠어요. 아빠는 아무 말이나 막 던지는 중이네요."

그레타가 깔깔거렸다.

"어쨌든, 케빈 앤더슨 교수님이 말했어요. '인류는 의식은 있지만 양심은 없는 운석과 같다'고요. 아빠는 이게 무슨 말인지 알아요?"

이제 아빠가 웃을 차례였다.

"공룡을 생각해보려무나. 거대한 운석에 의해 멸종되었

잖니?"

"맞아요."

"이제 인간을 운석이라고 여겨볼래?"

그레타는 생각했다.

"맙소사! 그분의 말은 우리가 똑같은 짓을 다시 하려 한다는 거예요?"

아빠가 활짝 웃었다.

"다만 이번엔 거대한 암석 없이 말이지."

그레타는 웃었다.

집에 도착하자 아빠가 딸을 위해 문을 열어 잡아주었다. 그레타는 안으로 들어가기 전 아빠 앞에 멈춰 섰다.

"아빠?"

"응?"

"제 생각엔 케빈 앤더슨 교수님이 어떤 신호를 보낸 것 같아요."

9장
—
육식을 끊다

그레타와 아빠가 '기후를 위한 등교 거부' 피켓을 만들고 있는 동안, 엄마는 베아타를 댄스 학원에 데려다주었다. 댄스 학원은 집에서 1.6킬로미터 떨어진 곳에 있었지만 베아타와 그곳까지 걸어가는 데는 1시간이나 걸렸다. 베아타의 정서적 장애 때문이다.

베아타도 언니처럼 가벼운 아스퍼거 장애로 진단받았으며, 강박 장애까지 갖고 있었다. 베아타는 무의식 속에서 스스로에게 많은 제약을 가했다. 예를 들어 댄스 학원에 갈 때,

베아타는 보도 위의 특정한 네모 칸을 밟을 수 없었으며, 항상 왼발을 먼저 내디뎌야 했다. 이는 강박 장애 증상 중에서 강박 행동에 속하는 부분이다. 베아타는 실수를 저지를 때마다 매번 새로 시작해야만 했다. 수십 차례의 반복행동이 이어지기도 했다.

그런 제약을 가진 두 딸을 기르는 일이 엄마에겐 여간 힘든 일이 아니었지만, 엄마는 그럴 때마다 아이들을 안쓰러워했다. 자신 역시 어릴 때 유사한 장애로 엄마를 힘들게 했다는 것을 기억하기 때문이다. 그렇기에 엄마는 장애가 아이들 잘못이 아니라는 것도 잘 알고 있었다.

댄스 학원에 도착하자 엄마는 수업 시간 동안 베아타가 문틈으로 자신을 볼 수 있는 자리에 앉아 끝날 때까지 꼼짝도 하지 않았다. 딸이 엄마를 볼 수 없다면 공황 상태가 된다는 걸 알고 있었기 때문이다.

오토바이 운전자가 기어를 바꾸면서 지나갈 때, 엄마는

기어 소리가 G, F, D 그리고 E 코드로 단계적으로 전환되는 것을 알 수 있었다. 오토바이가 사라지자 새 소리가 들려왔는데, 이는 전혀 다른 음이었다. 모든 새가 F9 코드로 지저귀고 있었다. 엄마는 일상의 모든 소리를 음표로 옮길 수 있었다. 그래서 가수가 된 것이다. 그녀의 두 딸이 소리에 극도로 민감하게 반응하는 청각 과민증에 시달릴 때 그녀가 인내할 수 있었던 것도 그런 이유였다. 물론 자라면서 딸들 스스로가 시끌벅적한 소리를 내기도 했지만 말이다.

엄마는 고개를 들어 댄스 수업이 끝난 것을 보았다. 왼발을 먼저 내딛는 베아타와 집으로 가는, 긴 걷기 시간이 되었다. 집에서는 그레타와 아빠가 파업 피켓을 완성했다. 그레타는 피켓이 아름답다고 생각했다. 하지만 이런 생각이 비논리적이라고도 여겨졌다. 기후변화를 위한 파업을 한다는 자체가 아름다울 수 없는 것이다. 그레타는 모두의 생명이 피켓에 달려 있다고 느꼈다. 기후변화는 아름답지 않을 뿐

아니라, 피켓과 같은 상징도 아름다운 것은 아니었다.

엄마는 댄스 학원에서 베아타를 데리고 돌아와 그레타를 위한 점심을 만들었다. 그레타는 항상 같은 것만 먹었기 때문에 특별한 것은 없었다. 전자레인지에 데운, 라이스를 돌돌 만 팬케이크 두 개였다. 토핑이나 소스 없이, 잼이나 버터도 바르지 않은 순수한 팬케이크와 순수한 라이스였다. 냄새가 원재료와 다르면, 그레타는 먹을 수 없었다.

그레타는 저녁으로 파스타, 감자 두 개, 아보카도를 먹었다. 평소보다 더 많지도, 더 적지도 않은 양이었다. 피켓을 완성해서 만족한 그레타는 엄마와 함께 마트에 갔다. 엄마와 장을 보는 도중에 그레타는 혼자서 쇼핑 목록에 있는 물건을 찾으러 발길을 옮겼는데, 우연히 시식용 와플과 크림이 가득 놓여 있는 테이블과 마주쳤다. 10개의 접시 위에 미니 와플 10개가 놓여 있었다. 그레타가 허리를 굽혀 냄새를 맡자, 시식 코너를 관리하는 직원이 그레타의 행동에 깜짝 놀랐다.

"이제 넌 저것들을 다 먹고 계산을 해야 해!"

직원이 말했다.

그레타는 아무 말 없이 직원을 응시했다. 직원은 가족의 일원이 아니었기에 그레타는 말할 필요를 못 느꼈다.

엄마가 상황을 알아채고 달려와서 말했다.

"죄송해요. 딸이 아스퍼거 장애를 갖고 있어요."

"그게 뭔지는 모르겠고, 저 아이는 왜 아무 말도 하지 않는 거예요? 저 아이가 냄새를 맡느라 와플에 너무 가까이 다가와서 난 저걸 팔 수 없다고 말했어요. 그러니 이제 저것들은 저 아이 거예요."

직원은 빠르게 말했고, 그레타는 직원이 화났다고 생각했다.

엄마가 감정을 억누르며 말했다.

"딸아이에겐 선택적 함구증이 있어요. 곤란하게 해드려서

죄송해요. 다시는 이런 일이 없도록 할게요."

"다시는 없으리라 믿어요. 하지만 유감스럽게도 저 아이 코가 닿거나 입김이 닿았을 수 있으니 당신이 저걸 다 사줘야겠어요."

"하지만 저것들은 접시 위에 있잖아요. 우리가 어떻게 가지고 가죠?"

"가져가지 않아도 돼요, 그냥 다 먹어 치워요."

직원이 어깨를 으쓱거렸다.

"아니면 버리든가요."

"안 돼요!"

그레타가 비명을 지르자 모두가 쳐다보았다.

엄마는 가까스로 미소를 지으며 부드럽게 말했다.

"전부요?"

"음, 저 아인 모든 와플에 숨을 내쉬었어요."

엄마는 접시를 보았다. 10개였다. 그리고 그레타를 보며 말했다.

"냄새 맡는 거 아니야."

그런 다음 직원을 쳐다봤으나 직원은 꼼짝도 하지 않았다. 결국 엄마는 어깨를 으쓱하고 돈을 낸 다음, 포크를 집어 들고 먹기 시작했다.

그레타는 이를 매우 흥미롭게 지켜보았다.

시간이 좀 걸렸지만, 마침내 엄마는 와플과 크림 전부를 먹어치웠다. 엄마와 그레타는 식료품으로 가득 찬 카트를 밀면서 마트를 나왔다. 하지만 엄마는 배가 너무 불러서 평소보다 좀 더 천천히 걸었다.

"엄마?"

그레타가 주차장을 가로질러 가면서 불렀다.

"응?"

엄마가 대답했다.

"설마 나한테 사과하려고 하는 건 아니겠지?"

그레타가 이상하다는 듯이 엄마를 쳐다보았다.

"아뇨, 제가 언제 다시 냄새를 맡아도 되는지 궁금해서요."

엄마가 그레타와 비행기 타는 일을 상의할 때쯤 엄마는 이미 은퇴했음에도 불구하고 유럽 여러 나라를 여행하는 일이 중요하다고 강조했다. 하지만 그레타는 엄마와의 논쟁에 대비가 되어 있었다. 그레타는 매번 말했다.

"만약 우리가 비행기를 그만 탄다면요, 누군가는 지구를 파괴하지 않으면서도 우리를 한 장소에서 다른 장소로 이동시켜 줄 수 있는 무언가를 발명해야만 할 거예요. 하지만 우리가 비행기 타기를 중단하지 않는다면, 그런 일은 절대 일어나지 않을 거예요."

엄마는 그레타가 점점 더 심각한 이야기를 한다고 생각했다. 그러나 결국 그레타가 말하고 싶은 요지는 환경운동이었다. 그레타는 엄마에게 영감을 주는 존재였고, 엄마는 비

NO AIRPLANE

NO MEAT

행기 타기를 영원히 그만두기로 했다.

기후를 위한 그레타의 주장은 무섭고도 설득력이 있었다. 비행기는 연료를 이용해서 운항하며, 연료는 대기를 오염시키고, 오염된 대기는 지구를 죽이고 있었다. 그레타는 엄마도 합류하겠다는 의사 표시에 감동받았다. 엄마의 결정은 감정적 반응으로만 설명하기엔 너무나도 논리적인 결정이었다. 지구상에 존재하는 또 한 명의 인간이 때맞춰 동참했다는 데에 그레타는 안도감을 느꼈다.

엄마는 이제 자신의 결정을 진심으로 믿게 되었고, 더는 딸을 탓하지 않게 되었다. 그리고 그레타가 학교 파업을 하기로 결정했던 시기인 2018년, 무척 더웠던 스웨덴의 여름이 끝나갈 무렵에 엄마는 비행기 타는 것을 포기했다. 그와 동시에 아빠는 필요 이상의 물건들을 사들이지 않았으며, 육식을 끊었다. 툰베리 가족 모두가 합심하기 시작한 것이다.

과학자들은 육식을 즐기는 인류의 식생활 문화가 동물의

생명을 앗아갈 뿐만 아니라, 대기오염과 지구 온난화 등 기후변화를 앞당기고 있다고 경고했다.

지구인들이 식단을 육식에서 채식으로 바꾸면 지구가 살아날 가능성도 높다. 전 세계에서 발생하는 온실가스의 절반가량은 소나 양을 키우며 소비하는 축산업에서 배출되고, 전 세계 농지의 83%가 가축 사용에 이용되고 있기 때문이다.

"전 세계의 잘 사는 사람, 상위 10퍼센트 부자들이 그들의 이산화탄소 배출량 수준을 유럽연합(EU)의 평균 배출 수준으로 줄이면 전 세계의 이산화탄소 배출량은 30% 정도 줄어들 겁니다!"

맨체스터대학의 케빈 앤더슨 교수가 텔레비전에 나와서 말했다.

"이러한 급격한 조치들이야말로 우리에게 필요한 것입니다. 이로써 우리는 실제로 중요한 뭔가를 할 수 있어요. 시간을 좀 벌 수도 있고요."

10장
—
넌 특별하단다

2018년 8월은 너무나도 더웠다. 그레타가 자전거를 타고 의회 건물로 향하는 시각인 오전 8시에도 말이다. 해는 거의 4시간 전에 떴고, 스톡홀름에 사는 모든 사람이 거리에 나와 있는 것처럼 보였다. 그레타는 '기후를 위한 등교 거부'라고 쓰인 피켓을 팔 아래에 끼고, 다른 한 손으로는 자전거 핸들을 잡았다.

지나가는 많은 이들이 그레타를 쳐다보았지만, 어느 누구에게도 파업에 참여할 시간이 없었다. 그레타는 의회 계단에 도착해서, 피켓을 낡은 벽돌담에 기대어놓았다. 그런 다음 일터로 가기 위해 서둘러서 길을 오가는 사람들에게 연설했다. 학생들은 수업받으러 가는 길에 그레타를 지나치며 웃었다.

"세계인의 대부분은 기후변화가 우리에게 무엇을 의미하는지에 대해 최소한의 이해조차도 못하고 있습니다."

그레타는 사람들을 향해 우렁찬 목소리로 말했다. 듣는 사람은 많지 않았으며, 대부분은 낄낄거리면서 웃었다.

"네 엄마는 네가 어디 있는지 아니?"

한 소년이 자전거를 타고 지나치며 말했다.

"학교에나 가!"

다른 한 여자가 그레타에게 소리 질렀다.

한 무리의 학생들은 멈춰 서서 박수를 보냈다.

그레타의 얼굴이 빨개졌다. 그레타는 지금까지 자신이 해온 모든 일이 가치 있는 일이었음을 실감했다. 그레타는 스톡홀름의 아침 공기를 한껏 들이마시고, 피켓 옆에 털썩 주저앉아 조용히 대기했다.

파업 둘째 날이 되자, 두툼한 손과 탄탄한 종아리 근육을 자랑하는 한 남자가 운동복 차림으로 그레타에게 다가왔다. 그가 그레타에게 커다란 스위스 초콜릿을 건네며 말했다.

"우린 네가 하고 있는 일을 지지한단다! 절대로 포기하면 안 돼!"

그레타는 초콜릿을 피켓 아래 그늘진 곳에 내려놓았다. 초콜릿이 그레타의 아스퍼거 메뉴에 포함된 것은 아니었지만, 초콜릿에 담긴 행인의 마음은 그레타를 감동시켰다.

기자들은 점심시간이 지나 나타난 뒤, 남은 오후 시간을 그레타와 보냈다. 이후 그들은 그날 취재한 기삿거리에 행복해하며 떠났다.

셋째 날, 그레타는 인간이 어떻게 지구를 망치고 있는지에 대해 설명하는 전단지 더미를 가져왔다. 적어도 스웨덴에서는 변화를 위한 실질적 조치가 없었기 때문에 어른들은 그 어떤 것도 신경 쓰지 않는 것 같았다. 그레타가 직접 쓴 표현은 거칠었다.

"우리 또래 아이들은 종종 어른들이 하라는 대로 하지 않습니다."

그레타는 어른들이 자라나는 세대를 위한 지구 보호에 실패한 것을 지적하며 연설하고 있었다.

"어른들은 제 미래에 대해 개뿔도 신경 쓰지 않습니다. 그러므로 저도 어른들이 뭐라고 하든 신경 쓰지 않을 겁니다!"

"오는 9월 9일에 투표가 있습니다."

그레타는 연설을 듣고 있는 사람들에게 말했다. 그레타는 아주 오랫동안 가족 이외의 사람들과는 이야기해 본 적이 없었기 때문에 이런 행동은 매우 용감한 일이었다.

"우리는 기후 정책에 관한 높은 의식이 투표로 드러나기를 원합니다."

다섯째 날이 끝나갈 무렵, 그레타는 준비한 전단지를 모두 배포했고 연설에도 익숙해져 갔다. 그것은 그리 나쁘지 않았다. "어떤 문제도 내 방법이 해결하지 못할 만큼 나쁘지는 않은걸!" 그레타가 생각하며 혼자 빙그레 웃었다. 그레타는 마침내 무언가 이루어지고 있다고 느꼈다. 사람들은 귀를 기울였고, 그레타는 더 이상 낯선 사람들에게 말하는 것이 두렵지 않았다.

그러던 어느 날, 한두 사람이 다가와 함께해도 되는지를 물었다. 그 순간부터 그레타는 다시는 혼자가 되지 않았다.

열 번째 날이 되자, 스무 명의 시민들이 그레타가 시작한 '기후를 위한 파업'에 참여하여 함께 시위를 진행했다. 그들은 그레타가 자신이 하고 있는 일을 믿는 만큼 그레타를 믿었다. 그레타는 아껴둔 초콜릿을 나누어 주었지만, 자신은 먹지 않았다. 초콜릿은 그레타를 위한 것이 아니었다. 이제는 독자들도 알다시피 그레타의 메뉴는 팬케이크와 라이스였다.

선거일이 며칠 남지 않은 어느 날, 스톡홀름대학에서 기후 정책을 연구하는 카린 벡스트란드 교수가 그레타를 방문했다. 그녀는 그레타가 무슨 말을 하는지 충분히 이해하고 있는 게 분명했다.

그녀는 무릎을 구부려서 그레타에게 말을 걸었다.

"넌 선거일까지 여기에 있을 거라고 하더구나."

"선거일 이틀 전까지요. 그게 제 계획이에요."

"무슨 일이 일어나길 기대하니?"

"제가 바라는 게 뭔지를 묻는 거예요?"

"그래."

그레타가 그녀를 빤히 마주 보며 말했다.

"실제로 어떤 의회 의원이 제게 기후변화 대응에 관한 의제는 없다고 이야기해 주었어요. 따라서 제가 기대하는 게 무엇이든지간에 그게 비현실적인 건 아니죠."

그녀는 그레타의 지식과 어휘에 놀랐다.

"그래, 그건 당연하지. 우리에겐 뭐가 더 필요할까? 스웨덴의 모든 이들이 화석 연료가 없어져야 한다는 데에는 이미 동의하고 있는데."

"네, 그렇지만."

그레타가 찡그리며 말했다.

"우리는 실패하고 있어요."

"그게 네가 여기에 있는 이유구나, 그레타?"

그녀가 물었다.

그레타는 남아 있는 초콜릿을 그녀에게 권했다.

"초콜릿 드실래요?"

"고맙지만 괜찮아."

그녀가 말했다.

"이건 절 걱정하는 누군가가 준 선물이에요. 저는 늘 음식을 낭비해서는 안 된다고 배웠고요."

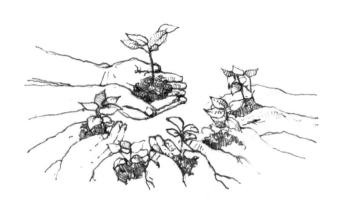

"아, 그렇구나."

그녀가 말하면서 남은 초콜릿을 받았다. 그레타는 초콜릿을 낭비하지 않게 되자 기뻐서 활짝 웃었다.

"몇 살이니?"

"열다섯 살이요."

"음, 넌 뭘 걱정하고 있는 거니?"

"제 인생의 절반이 지날 때쯤, 더 이상 제가 살아갈 세상이 존재하지 않을까 봐 걱정돼요. 지금 우리가 하는 어떤 일도 2050년 이후의 미래를 내다보지 않아요. 그게 제가 걱정하는 거예요. 그땐 어떻게 될까요?"

그녀가 얼굴을 붉히며 말했다.

"내 생각엔 네가 딱히 걱정할 필요 없을 것 같은데. 스웨덴 경제가 지금 호황을 누리고 있으니 결국 다 잘될 거야. 하지만 그동안 너는 하고 있는 일을 계속하렴."

당황한 그녀는 가버렸다.

"그럴 거예요."

그레타가 혼잣말을 했다.

그레타는 3주 동안 매일같이 기후를 위한 파업을 이어가며 뜨거운 자갈길 위에 앉아 있었다. 의원 선거일 이틀 전, 그레타는 의회 앞에서 시작한 파업의 마지막 날 일정을 끝내고 피켓을 챙겨서 자전거를 타고 집으로 향했다. 그레타는 백 명 이상의 지지자를 얻었다. 파업 마지막 날, 지지자들은 그레타에게 작별인사를 했다. 그들은 기후변화 대응 촉구 운동을 대규모 행동으로 확산시키기 위해 각자의 길로 떠났으며, 이후 훨씬 더 큰 기후변화 운동의 일부가 되었다. 그레타는 스웨덴 의회 앞 자갈길 위의 상징이 되었다.

그레타는 이제 새로운 계획을 짜야 한다고 생각했다. 그레타는 학교 밖에 계속 머물고 싶지 않았으며, 학교로 돌아가기를 원했다. 새로운 계획에는 학교로 돌아가는 것도 포함돼야 했다. 그레타는 강해질수록 자신의 직감을 믿었다.

그레타는 주 5회 기후파업 도중에 지지자들이 제공한 음식은 먹지 않았지만, 집에선 새로운 음식에 대한 도전을 시작했다. 어느 날 밤, 그레타가 팔라펠(병아리콩 또는 누에콩을 갈아 둥글게 빚어 튀긴 요리)을 먹는 것을 보고, 엄마가 말했다.

"엄마는 네가 팬케이크랑 라이스만 먹는다고 생각했는데!"

그레타가 살짝 웃으며 말했다.

"그랬죠, 엄마. 아마 전 나아지고 있나 봐요."

엄마가 웃었다. 딸에게 좋은 일이 일어나고 있었다.

"전 제가 사람들과 다른 걸 알아요. 사람들은 제가 이상하다고 생각하지만 전 상관 안 해요."

"넌 특별하단다."

"전 저에게 장애가 있다는 것도 알아요. 하지만 엄마는 이런 장애가 제 막강한 힘이라고 늘 말해 주셨죠."

11장
—
미래와
그 너머를 위한 금요일

기후를 위해 이어진 3주간의 파업, 그 마지막 날인 금요일 밤에 툰베리 가족은 부엌 식탁에 둘러앉아 다음 날 아침 그레타가 발표할 연설문에 공을 들이고 있었다. 모세가 어기적거리며 들어와 식탁 아래에 엎드려서 그레타의 발 위에 코를 갖다 대자 그레타의 두려움은 사라졌다. 가족의 새 반려견인 록시도 거기에 있었다. 재미있는 밤이었다. 그들은 지폐 크기의 팬케이크를 먹었고, 그레타는 너무 흥분해서 가슴이 팔딱거렸다.

다음 날, 의원 선거일 전날이자 등교 거부의 마지막 날인 9월 8일 아침에, 그레타는 스톡홀름 의회 건물 앞 계단 위에서 첫 번째 연설을 했다. 연설 제목은 '우리의 생명은 여러분의 손에 달려 있습니다.'였다. 이는 이후 그레타가 이어나갈 연설 행군의 시초였다. 그레타는 계단에 섰고, 다리가 후들거리는 것을 느꼈다. 백 명이 넘는 사람들이 주위에 서서 그레타의 연설을 기다리고 있었다.

그레타는 얼마 전까지만 해도 가족 이외의 다른 사람들에게는 말을 걸 수 없었지만, 이제는 완전히 낯선 사람들로 이루어진, 엄숙한 군중들 앞에서 그들과 막 이야기를 시작하려 하고 있었다.

"지난여름, 기후과학자 요한 록스트룀과 몇몇 학자들은 우리가 파리협정에서 설정한 목표에 도달하는 수준으로 온실가스 배출량을 줄일 수 있는 시간이 길어야 3년밖에 남지 않았다고 발표했습니다."

그레타는 연설을 진행하면서 점차 안정감을 찾았다.

"만약 지구상의 모든 사람들이 우리 스웨덴 사람처럼 생활한다면, 우리에겐 4.2개의 지구가 필요합니다. 우리의 '탄소 발자국'은 세계 최악의 국가 10위 안에 들어요. 이 말은 스웨덴이 미래 세대에게서 매해 3.2년 분량의 천연자원을 훔쳐 쓰고 있다는 걸 의미하죠. 미래 세대의 일원인 우리는 스웨덴이 그러한 일을 멈추기를 바랍니다. 바로 지금이요."

청중들은 웃고 있었지만 불편함을 느꼈다. 모든 사람에게 책임이 있었고, 그들은 그레타의 말이 진실이라는 걸 알고 있었다.

"많은 사람들이 스웨덴은 작은 나라여서 우리가 무슨 일을 해도 상관이 없다고 말합니다. 하지만 단지 몇몇 소녀들이 몇 주 동안 학교에 가지 않은 것만으로도 전 세계 언론의 헤드라인에 올랐어요. 상상해 보세요. 우리가 원하기만 한다면 얼마나 많은 일들을 함께 해낼 수 있을지를요."

그레타는 짧은 연설을 이렇게 끝냈다.

"제발 기후위기를 절박한 사안으로 다루어서 우리에게 미래를 주세요. 우리의 생명은 여러분의 손에 달려 있습니다."

그레타는 하늘을 올려다보며 손으로 햇빛을 가리면서 말했다.

"저와 함께해주세요."

주변에서 듣고 있던 또래 학생들은 머리를 흔들며 가버렸다.

"내가 동참해줄게."

한 남자가 말했다. 이어서 다른 한 명도 함께하겠다는 의사를 밝혔다. 그렇게 하나, 둘 모인 사람들이 어느덧 백 명이 넘었다. 그들은 그레타를 둘러쌌으며, 대다수는 어린 학생들이었다.

그다음 주 월요일, 그레타의 학급은 전기 스쿨버스를 타고, 지역 박물관으로 현장학습을 나갔다. 그레타는 박물관

대리석 바닥 위를 걸을 때마다 울리는 발자국 소리가 좋았다. 울려 퍼지는 소리가 홀의 공허함을 깨뜨렸다. 그레타는 엄마도 그곳에 함께 있어서, 발소리가 무슨 음인지 알려주었다면 얼마나 좋을까 생각했다. 발소리는 두 개의 서로 다른 음이 함께 연주되는 것처럼 들렸다.

그레타는 기후변화 문제를 다룬 새로운 전시를 보기 위해 줄을 선 뒤, 조심스럽게 다른 복도로 들어섰다. 육류 생산 과정에서 발생하는 탄소 발자국에 관한 전시였다.

그런데 그레타가 전시에 포함된 통계가 모두 틀렸다는 것을 발견하는 데에는 1분도 채 걸리지 않았다. 그레타는 점점 더 못마땅해져서 홀 안을 서성거리며 잘못된 사실들을 찾아냈다. 결국 그레타는 더 이상 참을 수 없어 뒤돌아 나간 뒤, 박물관 출구 근처에 앉아 현장학습이 끝나기를 기다렸다.

선생님이 다가와 무슨 문제가 있는지 물었지만, 그레타는 말하려 하지 않았다. 그 당시 그레타는 똑바로 말할 수 있었지만, 그 순간에는 말하고 싶은 게 없었다.

그레타는 마음에 들지 않는 것을 바꿀 수 있는 유일한 방법은 행동하는 거라는 사실을 알고 있었다. 가장 좋아하는 주제의 전시였으나 잘못된 정보를 제공하는 전시를 보는 순간, 그레타는 단단히 화가 났다. 그레타는 박물관에서 온갖 오류를 보았을 뿐만 아니라 자신의 다음 계획도 분명히 알게 되었다. 그레타에게 의욕과 자신감이 생겨났다.

그날 저녁 그레타는 천천히 그러나 게걸스럽게 식사했다. 박물관을 걸어 다녀서 배가 몹시 고팠기 때문이다. 이번엔 베아타가 차분히 식사를 했고, 엄마는 급하게 할 말이 있는 듯했다. 엄마가 목소리를 가다듬고 말했다.

"선거 결과로 아무런 소득이 없다는 걸 그레타 너도 이미 알고 있지?"

그레타는 식사를 하다가 엄마를 올려다보고 고개를 끄덕이며 대답했다.

"그건 효과가 없었어요. 하지만 현시점에서, 그건 중요하지 않다고 생각해요. 어떤 정당이 많이 득표해서 집권하든 상관없이 기후위기의 이슈는 가라앉지 않을 거예요."

"그렇지."

아빠가 대화에 끼어들었다.

"기후변화를 막는 데 필요한 건 정치란다."

그레타는 고개를 저었다.

"아빠는 기후 재앙을 말하는 거죠? 기후변화를 막을 수 있는 건 아무것도 없어요. 우리는 단지 기후변화가 우리를 파괴하는 걸 막을 수 있을 뿐이에요. 불행하게도, 기후 재앙을 막는 데 필요한 정치는 존재하지 않아요."

그레타는 말하고 나서, 아보카도 한 숟가락을 떴다.

"그러니까 우린 시스템을 바꿀 필요가 있어요. 모든 걸 다 해봐야 해요. 이미 위기 상황에 있는 것처럼 행동할 필요도 있고요. 마치 전쟁이 진행 중인 것처럼요. 그게 케빈 앤더슨 교수님이 말한 거고, 제가 말하는 거예요."

"넌 계속해서 그리 말하고 있구나. 사람들이 널 미쳤다고 얘기하고 있는 거 알고 있어?"

엄마가 활짝 웃으며 물었다.

"조심하는 게 좋을 거야. 안 그러면 사람들이 널 치료하려고 할 테니까."

그레타가 키득거렸다.

"아스퍼거 장애를 가진 아이들은 미치지 않아요, 엄마도 알잖아요. 그리고 치료법도 없죠. 엄마! 제가 뭘 들었는지 알아요? 정신 이상은 치료할 게 아니라 자유롭게 해줘야 하는 거래요."

모두가 웃었다. 베아타까지도.

"기후 재앙을 막기 위한 계획이 있니?"

그레타의 대답을 겁내며 아빠가 물었다.

"더 많은 피켓?"

"아뇨, 전 파업을 할 거예요."

"그건 이미 했잖아."

"그럼 그걸 파업 2.0이나 뭐 그렇게 부르죠. 이번에는 금요일에만 파업할 거예요. 매주 금요일만요. 많은 수의 학생도, 정치인도 없지만 지금까지 함께하기로 한 많은 사람들은 진실성이 있어요.

그들은 무언가 하지 않으면 인류에게 미래는 없다는 걸 우리와 똑같이 느껴요. 그래서 제 금요일 파업을 앞으론 '미래를 위한 금요일'이라고 부를 거예요."

그레타는 아빠가 그릇에 누들을 덜어내 담는 걸 보았다.

"저도 그 누들 좀 먹어봐도 돼요?"

엄마가 아빠에게 눈짓했고, 아빠는 어깨를 으쓱이며 한 국자를 떠서 그레타의 그릇에 덜어주었다. 그레타는 즉시 누들을 먹기 시작했다.

엄마가 한동안 지켜보더니 조심스럽게 말했다.

"그레타가 누들을 좋아하는 줄 몰랐네."

"맛있어 보였어요."

그레타가 고개를 끄덕였다.

"제가 팔라펠도 좋아한다고 말한 적 있죠?"

엄마가 아빠를 한 번 더 쳐다보고는 편안해져서 말했다.

"오케이! 우리한테 지금 변화가 일어나고 있는 거네! 하지만 학교는, 그레타? 학교는 어떻게 할 생각이야?"

"전 일주일에 4일 학교에 갈 거예요. 금요일에는 피켓을 들고 의회 밖에 앉아 있을 거고요. 선생님은 '미래를 위한 금요일' 파업으로 인해 제가 놓치는 공부를 보충해주기로 이미 동의해 주셨어요. 게다가 사람들은 금요일에 늘 기분이 좋잖아요."

그레타가 웃으며 말하고 식사를 계속했다.

의회는 다음날인 9월 9일 일요일에 투표를 실시했으며, 기후변화 대응책을 정책 안에 언급하는 것조차 실패했다.

그 후 그레타는 자신의 일상을 위한 새로운 계획을 세웠다. 새 계획에는 등교와 파업이 모두 포함되어 있었다. 그레타는 이 계획을 '미래를 위한 금요일'이라고 불렀으며, 그다음 주 금요일에 다시 의회 자갈길로 돌아갔다.

그레타는 자전거로 이동했으며, 온종일 자신이 직접 페인트칠한 피켓 옆에 앉아 있었다. 그레타는 빠르게 유명해졌다. 기후를 위한 파업을 하고 있는 소녀를 보기 위해 수백 명의 사람들이 의회 건물 앞을 지나쳐갔다.

그 주에 많은 등교 거부 운동이 유럽 여기저기에서 일어났으며, 모두가 '기후를 위한 등교 거부'라는 그레타의 컨셉을 따랐다. 그레타의 이름과 사진이 모든 신문에 등장하기 시작했다. 처음에는 뉴스면 깊이 묻혀있더니 점차 신문 1면에 올라오기 시작했다.

모든 좋은 뉴스가 그러하듯, 그레타가 의회 밖에서 자신의 존재를 알릴수록, 그레타의 '미래를 위한 금요일' 환경운동도 점점 유명해졌다. 그레타의 기후를 위한 등교 거부 이야기는 유럽으로 퍼져나갔고, 영국을 건너 마침내 전 세계로 퍼졌다.

그날 밤, 그레타는 잠을 이룰 수 없었다. 이를 눈치챈 엄마가 그레타의 방으로 들어가 침대 옆에 앉은 뒤, 그레타의 손을 잡아주며 물었다.

"무슨 일 있니, 그레타?"

"전 겁이 나요."

그레타가 말했다.

"왜?"

엄마가 말했다.

"파업이 제대로 안 될까 봐 두려운 거야?"

"아뇨."

그레타는 말했다.

"제대로 되고 있어서 겁이 나요. 절 보러 유럽 전역에서 사람들이 왔잖아요."

"그건 멋진 일이지!"

엄마가 말했다.

"하지만 제가 망쳐버리면요?"

엄마가 웃으면서 맏딸을 끌어안았다.

"우리 딸은 지금 옳은 일을 하고 있지?"

엄마가 묻자 그레타는 고개를 끄덕였다.

"그렇다면 넌 이걸 망칠 리가 없어."

그 주에 그레타는 매일 등교했으며, 금요일에는 여느 때
와 같은 장소에 나타났다. 그레타는 계속해서 자신과 자신
의 세대를 위한 미래를 요구했다. 호소하는 그레타에게 기
자들이 다가왔다.

"넌 왜 아직 여기에 있니?"

'뉴 사이언티스트'라는 잡지사에서 나온 한 기자가 물었다.

"제가 꽤 고집불통이거든요!"

그레타가 고함치자, 그들 모두 함께 웃었다. 기자는 파업이 잘 풀리고 있는 이유가 무엇인지 궁금해했다.

"첫 아이디어는 스웨덴 의회 앞에서 3주 동안 앉아 있는 것이었어요. 제 생각엔 시기와 컨셉이 좋았던 것 같아요"

다음 달인 10월, 엄마는 그레타의 방으로 뛰어 들어가서, 그레타를 깨웠다.

"그레타, 일어나봐!"

겁이 나서 눈을 번쩍 뜬 그레타가 똑바로 앉았다.

"무슨 일이예요?!"

엄마는 편지 한 장을 흔들고 있었다.

"네가 런던에서 열리는 '멸종저항' 집회에 초대받았어!"

'멸종저항'은 2018년 10월에 결성된 영국의 기후변화 방지 운동단체로, 슬로건은 '기후비상사태'다. 이들이 영국에 요구하는 사항은 기후변화에 대한 진실 공개, 2025년까지 탄소배출 제로 달성이다.

과학자들은 21세기가 끝나갈 무렵 지구 평균기온이 적어도 3도 이상 상승할 거라고 오래전에 경고했으며, 100년 이내에 수많은 동식물이 멸종될 수 있다고 말했다.

또 지금과 같은 기후변화가 계속될 경우 2070년에는 아프리카뿐만 아니라 인도, 남아메리카, 오스트레일리아 일부 지역까지 연평균 기온이 29도를 넘어 세계 인구의 3분의 1이 넘는 35억 명이 사하라 사막과 같은 불볕더위에서 살게 될 거라고 경고했다.

그레타가 눈에서 졸음을 쫓아냈다.

"우리 차로 갈 거죠?"

엄마는 딸을 쳐다보고, 놀라서 고개를 흔들었다.

"그러고 싶어?"

그레타가 활짝 웃었다.

"방금 그러고 싶단 생각이 들었어요."

툰베리 가족은 런던까지 가족의 전기차로 운전해서 갔다.

부분적으로 E4를 포함해서 고속도로를 타고 간 여정은 20시간이 걸렸으며, 이번에도 역시 무탄소 여행이었다. 가장 재미있었던 것은 프랑스와 영국 사이에 있는 해저 터널이었다.

5천 명 넘게 모인 멸종저항 시위대는 런던 중심부의 교차로인 옥스퍼드 서커스에 드러누운 채 점거 시위를 펼쳤다. 멸종저항 단체는 기후변화를 심각하게 받아들였으며, 그레타의 지지와 도움을 고맙게 여겼다.

이후 런던의회 광장에서 그레타에게 연설할 기회가 주어졌다. '거의 모든 것은 흑과 백이다'라는 제목의 연설이었다. "아스퍼거 아이에게 흑과 백은 분명해요. 중간지대가 없습니다. 거짓말도 못 해요. 생존에도 중간지대는 없습니다. 제게는 분명한 흑과 백 두 가지의 길만 보입니다. 멈출 것인가, 계속 밀고 갈 것인가?" 아스퍼거 장애를 앓고 있던 그레타의 시각에서 본, 위선적 세상에 대한 당찬 대응이었던 셈이다. 그레타의 연설을 언론에서는 '멸종저항 선언문'이라고 불렀다.

늘 그렇듯이, 그것은 가족 문제였으며, 어른들이 얘기하고는 있지만 더는 보장되지 않는 미래, 즉 그레타 세대의 미래에 관한 것이어야 했다. 이러한 사실은 그레타에게 두려움과 악몽으로 다가왔으며, 그녀는 이를 행동으로 옮겨 해결하고자 했다.

"여러분이 미래에 대해 생각할 때, 여러분은 2050년 이후를 생각하지 않습니다. 그때가 되면, 저는 운이 좋아 봐야 제 인생의 절반도 채 살지 않았을 거예요. 그다음엔 무슨 일이 일어날까요? 2078년에 저는 75번째 생일을 축하하겠죠. 지금 당장 우리가 행동하거나 행동하지 않은 일들은 저와 제 자식, 그리고 제 손자들의 삶에 영향을 끼칠 것입니다. 올해 8월에 개학했을 때, 저는 해야 할 일을 결정했어요. 전 스웨덴 의회 밖 자갈길에 앉았습니다."

사람들은 늘 그레타 아빠의 증조할머니 사촌인 스반테 아레니우스에 관해 물었다. 그는 이 시대의 문제를 아주 오래 전에 알아냈으며, 기후과학의 창시자인 존 틴달에게서 많은 것을 배웠다. 이 두 사람은 각자의 세대에서 세상을 향해 경고했다. 이제 21세기가 왔고, 지구별의 상황은 훨씬 더 나빠졌다. 그리고 이제 세상에 경고하는 일은 그레타 차례로 보였다.

"어떤 사람은 제가 기후위기를 해결하려면 기후과학자가 되기 위해 공부해야 한다고 말합니다. 하지만 기후위기는 이미 해결되었어요. 우리는 이미 모든 사실과 해결책을 가지고 있죠. 우리가 해야 할 일은 정신 차리고 변화하는 것입니다."

멸종저항 집회에서 연설한 후, 툰베리 가족은 전기차를 타고 스톡홀름에 있는 집으로 향했다.

엄마가 앞자리에서 고개를 돌려, 뒷좌석에 잠든 딸들을 보았다. 베아타는 자신의 머리를 언니의 어깨에 기대고 있었다. 그레타는 누군가의 시선을 느끼고 눈을 떠서, 웃고 있는 엄마를 보았다.

"여전히 두려워?"

엄마가 베아타를 깨우지 않으려고 나지막한 목소리로 물었다.

그레타는 고개를 저었다.

"우리는 할 일이 너무 많아요."

12장
—
막을 수 없는 질주

그레타가 자신을 지지하는 전 세계의 아이들로부터 '등교 거부'에 대한 편지를 받는 동안, 스톡홀름에서는 군중들이 점차 늘어가고 있었다. 그레타는 어디를 가든 모여드는 사람들을 바라보며, 아빠에게 말했다.

"이건 또 다른 신호예요."

비가 오기 시작했다.

"이것 역시 그렇지."

아빠의 농담에 그레타는 킬킬거리며 아빠와 함께 피할 곳을 찾았다. 스톡홀름에선 그해 11월 내내 비가 내렸다. 그레타는 약속을 지키기 위해 의회 밖에서 시위를 이어가는 동안 더 추워진 스웨덴 날씨를 견뎌내도록 피켓을 다시 칠했다.

2018년 12월, 그레타는 또다시 가족과 함께 전기차를 타고 폴란드로 향했다. 잠을 자기 위해 중간에 멈춰 서느라 이틀이 걸렸다. 이번 역시 무탄소 여행이었다. 카토비체에서 열린 제24회 유엔기후변화협약 당사국 총회(COP24)에서 연설하려니 그레타는 긴장이 되었다. 그레타는 수천 명의 군중 앞에서 큰 목소리로 연설하며 부르짖었다.

마음에서 우러나오는 그레타의 연설은 잔인하리만치 솔직했으며, 세상을 향한 그녀의 메시지는 더욱 발전하였다.

"2078년이 되면, 저는 제 75번째 생일을 축하할 것입니다. 제게 아이들이 생긴다면, 아이들과 함께 생일을 보내겠지요. 아마 아이들은 여러분에 관해 물어볼 겁니다. 행동할 시간이 있었는데, 왜 여러분은 아무 일도 하지 않았느냐고요. 여러분은 세상 그 무엇보다 자신의 아이들을 사랑한다고 말하면서도 그들의 미래를 도둑질하고 있습니다."

당사국 총회에 나타난 그레타는 참석자들에게 엄청난 충격을 주었으며, 즉시 2019년 1월 스위스에서 열린 다보스 포럼(세계경제포럼)에 초대받았다.

그레타와 아빠는 사계절용 텐트를 접었다.

"열여섯."

그레타가 텐트 말뚝을 집어 올리며 말했다.

"그래, 텐트 말뚝은 모두 열여섯 개야."

아빠는 대답하면서 받아 든 말뚝을 파우치에 담아 텐트 안에 접어 넣고 차에 실었다.

"아뇨, 아빠도 참, 제가 열여섯 살이라고요."

그레타가 말했다.

아빠는 모세처럼 머리를 기울이고 활짝 웃으며 말했다.

"아! 그러네! 이게 네 또 다른 신호 중 하나일 거란 생각이 드는구나."

그레타는 웃음을 참았다.

"말도 안 돼요."

많은 대표단이 전용 제트기를 타고 다보스로 날아갔지만, 그레타와 아빠는 스톡홀름에서 32시간이 걸리는 기차 여정을 택했다.

대표단의 상당수는 고급 호텔에 묵었으나, 그레타와 아빠는 섭씨 0도의 날씨에 텐트를 치고 캠핑을 했다.

그들은 침낭 안에서 잤다. 땅 위에서.

"으으."

아빠가 어둠 속에서 중얼거렸다.

"냄새가 너무 좋아요."

아빠는 텐트 어딘가에서 그레타가 말하는 것을 들었다.

"우리 딸이 좋다니 기쁘구나."

아빠가 대답했다.

"전 땅 위에서 자는 게 좋아요."

그레타가 말했다.

"난 아니야."

아빠가 말했다.

잠시 침묵이 흘렀다. 아빠는 그레타가 거칠게 숨을 몰아쉬고 가볍게 코 고는 소리가 들릴 때까지 깨어 있다가, 이내 눈을 감고 잠이 들었다.

그 주 목요일, 그레타는 세계 각국에서 온 많은 유명 인사들이 참석한 오찬장에서 즉석연설을 했다. 그들 중엔 유투(U2) 밴드의 보노, 더 블랙 아이드 피즈의 윌.아이.엠(will.i.am)이 있었으며, 세일즈포스닷컴 최고경영자 마크 베니오프와 골드만 삭스의 전임 회장인 개리 콘도 있었다. 그레타는 그들에게도 가차 없었다.

"우리의 집(지구)에 불이 났습니다. 불이 났다고 경고하기 위해 여기 왔어요. 어른들은 왜 딴짓만 하고, 불을 끌 생각을 하지 않나요?"

"지구 멸종이 일만 배 이상 빠른 속도로 다가오고 있어요. 우리는 공포를 느껴야 합니다."

"다른 곳에서처럼 이곳 다보스에서도 어른들은 모두 돈에 관해서만 얘기하네요. 돈과 성장만이 여러분의 주요 관심사인 것 같습니다."

"우리가 기후위기를 만들어낸 거라고 말하는 사람들도 있지만, 그건 사실이 아닙니다."

"모두에게 책임 있다는 말은 누구의 탓도 아니라는 말과 같아요. 하지만 누군가에겐 책임이 있습니다!"

그레타가 연설을 마치자, 한동안 침묵이 흘렀다. 그때 보노가 일어서서 박수를 치기 시작했다. 박수 소리는 점점 더 커졌다. 참석자들이 한 명 한 명 합세하여 기립 박수로 이어졌다. 보노가 소리쳤다.

"브라보!"

그레타는 마침내 세계무대로 도약했다. 2019년 3월, 그레타가 스톡홀름 의회 건물 앞 자갈길로 돌아갔을 때, 그레타는 세계적인 환경운동의 간판이 되어 있었으며, 자갈길은 기후 시위를 위한 상징적인 장소가 되었다. 그리고 전 세계 71개 국가에서 700개 이상의 시위가 진행되고 있었다.

그날 밤, 그레타는 침대에 누워 천장을 응시하고 있었다. 엄마가 텔레비전을 보다가 눈치를 채고, 거실에서 그레타의 방으로 갔다.

"뭐 하고 있어?"

엄마가 물었다.

"천장을 보고 있어요."

그레타가 대답했다.

"뭐가 보이는데?"

그레타가 싱긋 웃었다.

"아주 재미없는 천장이요."

"잠이 안 와?"

엄마가 옆에 누우며 물었다.

그레타는 팔꿈치 하나를 딛고 몸을 일으켜서 엄마의 얼굴을 보았다.

"전 세계에서 지금 700개의 시위가 진행 중이고, 게다가 그들 전부가 엄마의 생각에 따른 시위라면, 엄마는 잠을 잘 수 있겠어요?"

엄마가 빙그레 웃었다.

"71개 나라에서 벌어지는 700개의 시위란 걸 잊지 마."

그레타가 신음 소리를 냈다.

"헐! 더 잠들기 어렵게 해줘서 고마워요, 엄마."

엄마와 딸은 함께 웃었다.

"저랑 있어 줘요, 엄마." 그레타가 속삭였다.

"오케이!"

엄마가 말했다.

다음 주, 그레타가 스톡홀름 의회 앞의 시위 자리로 돌아갔을 때, 세 명의 노르웨이 의원이 그레타를 노벨상 후보로 추천했다.

그즈음 그레타는 이미 다양한 소셜 미디어 계정을 만들어 놓고 있었다. 그레타가 가장 좋아하는 것은 트위터 계정이었다. 그건 빨랐으며, 신문에 헤드라인을 쓰는 것과 같았다. 그레타는 거의 하룻밤 사이에 100만 명이 넘는 팔로워를 갖게 되었다. 노벨상 후보 지명에 대해서 그레타는 트위터 계정에 가장 먼저 발표했다.

"저에게 이번 후보 지명은 굉장한 영광이에요. 이 지명에 대단히 감사드립니다."

그레타는 팔로워들에게 소식을 전하고, 직접 만든 피켓을 누구나 볼 수 있도록 하면서, 파업 장소로 돌아갔다.

4월이 되자, 그레타는 유럽의회에 참석해 "10년 내로 이산화탄소를 최소한 50% 감축할 것을 요구"하는 연설을 했다.

그다음 날, 그레타는 프란치스코 교황을 일반알현하기 위해 바티칸 시티로 이동했다. 그레타는 프란치스코 교황을 아는 통역사, 그리고 아빠와 함께 보호용 펜스 뒤에 서 있었다. 그곳에선 교황이 아주 잘 보였다. 교황은 기후변화 운동의 열렬한 지지자였으며, 그레타는 그의 팬이었다. 하지만 교황이 그레타 쪽으로 걸어오기 시작하자, 그레타는 거의 공황 발작을 일으켰다. 교황이 통역사를 통해 말을 건네기 위해 다가왔을 때, 그레타의 목소리는 제대로 나오지 않았다.

"교황님, 이 아이는 학교 파업을 처음 주도하여 전 세계에 잘 알려진 기후활동가 그레타 툰베리입니다."

통역사가 영어로 소개하자, 교황은 놀라운 일을 해주었다. 교황은 그레타의 손을 잡아주었고, 그레타는 즉시 편안해졌다.

"축하해요."

교황이 툰베리의 노력에 고마움을 전했다.

"감사합니다."

그레타는 '기후변화 대응을 위한 파업에 참여하라'는 문구가 적힌 작은 푯말을 교황 앞에 펼쳐 보이며 계속해서 말했다.

"기후변화 운동을 지지해주시고, 기후위기의 진실을 말씀해주셔서 감사드려요."

교황이 지혜롭게 웃으며 말했다.

"난 기후변화를 위한 파업을 적극 지지한답니다. 계속해서 밀고 나아가세요. 계속해서."

말을 마친 교황은 자리를 떴다.

아빠는 주변 사람들이 사라지자, 딸의 얼굴을 들여다보며 물었다.

"어땠어?"

"여기 온 게 너무 행복해요. 또 기후변화 위기를 동력으로 삼을 수 있게 돼서 기뻐요. 쓸모없는 우울증에 빠져 있는 대신에 말이에요."

아빠는 안심하는 듯 보였다. 엄마와 아빠는 많은 일을 겪었다.

"귀여운 것! 나도 마찬가지란다."

그레타의 애칭을 부르며 아빠가 말했다.

갑자기 마이크 하나가 그레타 얼굴에 들이밀고 왔다. 지역 기자였다.

"그레타, 너 자신이 희망의 등불로 여겨지고 있는데, 또 다른 등불인 교황님과 이야기한 건 어땠니?"

기자가 물었고, 녹음기는 돌아가고 있었다.

"놀라웠어요."

그레타가 대답했다.

"넌 기후변화에 맞서 싸우는 데 필요한 에너지를 어디서

얻니?"

그레타가 고개를 끄덕였다. 그레타는 이 질문을 전에도 받아본 적이 있었다.

"음, 전 어리잖아요. 그게 도움이 되는 것 같아요. 기후변화 파업 활동을 하는 데에는 많은 에너지가 필요한데, 저에겐 여유 시간이 별로 없어요. 하지만 전 왜 이 운동을 하는지를 계속 상기하면서 제가 할 수 있는 한 최선을 다해 노력할 뿐이에요."

그레타가 말했다.

"학교는 어떻게 하고?"

"아! 전 숙제를 꼬박꼬박해요. 반에서 5등 안에 들고요. 적어도 아빠는 그렇게 말씀하셨어요."

그들 모두가 웃었다.

기자가 떠나고 나서, 그레타는 자신의 손을 보았다. 교황이 만져준 손이었다.

"교황님 손은 거칠었어요."

그레타가 아빠에게 말했다.

"노동자의 손이에요. 제 손도 거칠어요?"

아빠가 그레타의 손을 만져보았다.

"네 손도 거칠어져 가고 있구나."

그레타는 흐뭇했다. 아스퍼거 장애를 가지고 있는 소녀로서 단 하나의 사명으로 기후변화 파업 활동을 계속해 나가는 일은 문제가 되지 않았다. 당연히, 이제 그레타는 그런 엄청난 사명을 고집스럽게 고수할 뿐만 아니라 배도 고팠다.

2019년 5월 유럽의회 선거에선 녹색당 돌풍도 불었다. '툰베리 효과'였다. 또 그레타는 미국의 대표적인 시사 주간지인 《타임》지 5월호 표지에 실렸다. "나이가 들어서 돌아보았을 때, 할 수 있는 모든 것을 했다고 말할 수 있기를 바라요." 인터뷰에서 그레타가 말했다.

이후 호주 텔레비전 프로그램인 〈식스티 미니츠〉에도 특별 출연했다. 바쁜 일정을 소화하고 있던 그 무렵, 그레타는 9월에 있을 '유엔 기후행동 정상회의'에 초대받았다. 장소는 미국 뉴욕이었다. 이는 어떻게든 비행기를 타지 않고 거기에 도착해야 한다는 의미였다. 도전은 곧 현실이 되었다.

2019년 8월 중순, 그레타는 말리지아2호를 타고 영국 플리머스항을 출발하여 북대서양을 가로질러 미국으로 항해해 갔다. 항해 거리는 4천800킬로미터에 달했다.

말리지아2호는 개방형 조종실과 단일 선체로 이루어졌으며, 태양광 패널과 수중 전력 터빈을 통해 전기를 생산하는, 세상에서 가장 아름다운 친환경 태양광 요트였다. 탄소 발자국을 줄이기 위해서였다. 다만 길이가 18미터에 불과해 화장실과 주방 시설 등이 갖춰지지 않아 불편함을 감수해야 했다.

13장
—
툰베리 효과

그레타는 무탄소 레이싱 요트인 말리지아2호의 갑판에서 있었다. 미국을 향해 항해하기 전, 그레타는 언론으로부터 여러 질문을 받았다.

"도널드 트럼프 대통령의 인수위원회 멤버였던 스티브 밀로이는 너를 "무식한 10대 기후 꼭두각시"라고 부르던데, 이런 종류의 공격이 널 어떤 식으로든 단념하게 만들지 않니?"

그중 한 기자가 물었다.

"전 그런 분들 환영해요."

그레타가 대답했다.

아빠는 조금 떨어져서 지켜보았다. 그의 딸은 잘 견뎌내고 있었으며, 그가 아는 누구보다도 강해 보였다. 아빠는 이제 그레타가 자기 자신이 누구인지를 받아들였다는 걸 알았다. 또 한때 스위스에서 섭씨 0도의 날씨에 텐트를 함께 쓰던 그레타가 지금 이 순간 북대서양을 가로질러 막 항해를 시작하는 레이싱 요트의 갑판 위에 서 있다는 사실도 알고 있었다.

스웨덴 언론이 이를 가장 잘 표현했다.

"그레타에게서는 다른 사람들에게서 나타나는 인지적 부조화를 발견할 수 없다. 인지적 부조화는 사람들로 하여금 기후로 발생하고 있는 일들을 잠시 한탄하고, 스테이크를 먹고, 차를 사고, 주말을 즐기기 위해 비행기를 타는 등의 행위를 허용한다. 그레타는 정치적 행동이 개인적 소비 습관의 변화보다 훨씬 중요하다고 믿지만, 자신의 가치관대로 산다. 그레타는 엄격한 채식주의자이며, 해외여행은 기차로만 다닌다."

'또는 전기차'라고 아빠는 생각했다.

한편 앞서 그레타에게 트럼프의 팀원이 붙여주었다는 별명에 대한 의견을 묻는 기자에게 그레타는 대답했다.

"그들이 저를 공격한다는 것은, 그들에겐 증명해 보일 수 있는 주장이 없다는 걸 의미해요. 그들은 저에 대한 공격만을 논쟁거리로 삼죠. 그건 우리가 이미 이겼다는 얘기예요. 우리는 이런 불편한 사실을 사람들에게 말해야 하는 나쁜 사람들이 되었어요. 누구도 그러길 원치 않거나 그럴 엄두를 내지 않기 때문이죠."

기자는 그레타의 대답에 만족하여 뒤로 물러섰다. 시끌벅적한 무리 중에서, 누군가 소리쳤다.

"학교에나 가라!"

그레타가 싱긋 웃으며 맞받아쳤다.

"전 1년 휴학 중이에요. 게다가 당신은 교육받은 사람의 말에 귀를 기울이려 하지 않는데, 왜 우리는 학교에 가야 하죠?"

보리스 헤르만 선장과 말리지아2호 레이싱팀의 주장이자 모나코 국왕의 조카인 피에르 카시라기가 독일 국기를 내걸었다. 프랑스인이 만든 말리지아2호는 모나코에서 제조되었기에 주 돛에는 왕실 문양이 표시되어 있다. 그렇지만 말리지아2호는 독일 함부르크에서 등록되었기 때문에 독일 국기를 달고 항해했다. 대서양 횡단 여정을 다큐멘터리로 기록할 스웨덴의 영화 제작자인 나단 그로스만은 헤르만 선장이 밧줄을 풀어 던지고 배를 밀 때 이미 갑판에서 촬영하고 있었다.

잠시 뒤인 오후 3시에 비가 그치자, 말리지아2호는 그레타와 아빠를 태우고 영국 플리머스항을 출발해서 뉴욕항을 향해 내달렸다. 단일 선체에 수중 날개도 있는, 길이 18미터의 날렵한 회색 레이싱 요트가 시간당 25노트의 속도로 달리면, 뉴욕까지는 2주가 걸릴 것이다. 뱃머리에는 '유엔기후변화'와 '글로벌 기후 활동'이라는 문구가 쓰여 있었다. 전기는 태양광 패널로 공급받았다.

그레타는 배의 앞쪽에 위치한 돛 가운데 하나를 꼭 잡고 갑판에서 손을 흔들었다. 그레타는 방수가 되는 어두운 색깔의 재킷과 바지를 입었다. 재킷의 가슴 부분에는 '과학에 귀를 기울여라'는 문구가 수놓아져 있었다. '과학에 귀를 기울여라' 또한 그레타의 해시태그인 #미래를위한금요일과 같이 요트의 돛대 꼭대기에 써넣었다.

그들은 맞바람을 피하기 위해 부드러운 남쪽 항로를 택했다. 부드러운 항로는 바람이 불고 비를 퍼붓는 길과는 반대로, 안정적인 바람과 함께 가는 순탄한 항해 길이다.

항해 조건은 검소하고 또 엄격했다. 그레타의 여정에 사치품은커녕, 화장실도 없었다. 하지만 배의 후미에 양동이들은 있었다. 흰 글자가 쓰여 있는 파란 양동이들이.

이런 항해에 부끄러움이 끼어들 여지는 없었다.

하지만 전기는 충분했다. 태양광 패널이 갑판 중심부를 가로질러 설치되어 있어서, 그 위를 걸어 다닐 수 있었으며, 다른 한 세트의 태양광 패널은 선체의 양 측면을 따라 구축돼 있었다. 악천후일 경우를 대비해, 요트는 바다를 헤치고 나아가면서 물의 흐름을 통해 에너지를 모으는 장치도 갖추었다.

그레타에겐 뱃멀미를 할 시간이 없었다. 플리머스항을 빠져나오며 마주한 거친 바다는 북대서양에서 마주치게 될 환경에 대응하기엔 제격이었다. 그레타는 짐 꾸러미를 숙소로 가지고 와서 챙겨온 물품의 목록을 작성했다. 책 묶음, 일기장 8권, 채식주의자를 위한 냉동건조 음식들, 배낭여행용 건조식품들.

그레타가 갑판 위로 돌아오자 보리스 선장이 위성전화 사용법을 알려주었다. 이는 음성통화와 긴급통화를 하는데 사용될 뿐 아니라 위성과 인터넷을 연결하는 핫스팟으로 이용되기도 하였다. 그래서 그레타는 트위터를 비롯한 소셜 미디어 계정을 업데이트하거나 친구와 가족에게 문자와 사진을 전송할 수 있었다.

그날 밤, 그레타는 챙겨온 일기장 한 권에 자신이 알고 있는 일정을 적었다. 그레타는 바다에서 보낼 기간을 최소 14일, 뉴욕과 전 세계에서 시위를 조직하는 데 필요한 기간을 수주일로 계산했다.

그레타는 9월에 유엔 본부에서 열리는 '유엔 기후행동 정상회의'에 참석하기로 돼 있었는데, 21일에는 유엔이 따로 마련한 '유스 서밋(청소년 정상회의)', 23일에는 본회의에서 연설하는 일정이었다. 세계 지도자들은 파리협정을 준수하고, 지구의 온도가 기후 재앙을 일으키는 수준으로 오르지 않도록 관리하는 데에 동의했다.

미국은 당연히 동의하지 않았다. 트럼프 대통령이 기후변화는 미국 경제에 타격을 주려는 중국의 장난질이므로 파리협정을 갈갈이 찢어버릴 거라고 비난하며, 거기에서 탈퇴했기 때문이다.

파리협정에도 불구하고, 그레타는 전 세계 민주국가에서 글로벌 이산화탄소 배출량은 계속 증가할 거라고 생각했다. 아무도 온실가스 감축 목표를 달성하기 위한 노력을 착착 진행하고 있지는 않지만, 이번에는 적어도 세계 지도자들이 경청해왔다는 걸 보여줄 기회를 제공할 것이다.

그 후, 그레타는 이어지는 9개월을 아메리카대륙에서 보낼 것이다. 그레타는 캐나다 몬트리올에 가고 싶었으며, 12월에는 유엔이 후원하는 다음 기후 회담을 위해 칠레 여행을 계획했다.

2주가 무사히 지나갔다. 그레타는 트위터와 인스타그램

계정에 계속해서 글을 올렸고, 준비해간 배낭여행용 건조식품에도 익숙해졌다.

목적지에 거의 도착하기 전, 캐나다 해안에서 선장 보리스는 모든 돛을 내리고 노바스코샤 옆 거친 바다를 항해하기로 결정했다. 비바람이 잦아들자, 보리스는 해안선을 따라 뉴욕으로 가기 위해 녹색등을 켰다. 여전히 인터넷이 연결되어 있어서 그레타는 요트가 미국에 접근하면서 파도가 일렁이는 거친 바다를 영상으로 찍어 트위터에 올렸다.

그날 밤 잠자리에 들기 전, 그레타는 뉴욕에 도착하기 전에 배에서 맞는 마지막 밤을 촬영해 트위터에 올렸다.

대략 15일이 지난 뒤, 많고 많은 파란 양동이를 채운 후, 선장 보리스가 그레타와 아빠를 이른 아침에 깨웠다. 그들은 뉴욕 해안가에서 떨어진 곳에 있었으며, 한두 시간이 지나면 뉴욕항에 도착할 예정이었다.

그레타는 갑판 위로 서둘러 올라갔으나, 아빠는 느긋이

준비했다. 아빠는 침대 위에서 마지막 스트레칭을 하며 땅 위에서 자는 것보다 확실히 더 낫다는 결론을 내렸다. 실제로 아빠는 바다에서 생존하기와 지구별의 생존 이외에는 그 어떤 걱정도 없이 말리지아2호 위에서 숙면하는 밤을 즐겼다. 아빠는 혼자 싱긋 웃고 갑판으로 올라갔다.

"굉장한걸!"

그레타는 어둠 속을 응시하다가 뉴욕 해안선을 따라 반짝이는 불빛을 보며 중얼거렸다. 그레타의 심장이 뛰었다. 그녀는 잠시 후면 뉴욕항에 도착해서 세상에서 가장 바쁜 도시를 보게 되리란 걸 알고 있었다.

해가 떠오르면서 안개에 둘러싸인 정박지는 고요했다. 그것이 그레타에겐 매우 신비롭게 보였다. 바다엔 많은 보트가 떠 있었고, 제트 스키를 즐기는 사람들은 동이 트기도 전에 이미 나와 있었다. 그때 그레타는 신호를 보았다.

케빈 앤더슨 교수가 인간을 의식이 있는 운석으로 비유하면서 보았던 신호만큼 중요한 것이었다.

약 6500만 년 전 백악기에 거대 소행성(운석)이 유카탄반도에 충돌했다. 이 충돌로 '핵겨울' 현상이 일어나 60~80%의 생물이 사라졌으며 특히 지구를 지배했던 공룡들도 멸종했다.

그레타가 느낀 신호는 바로 백악기에 핵겨울을 일으켰던 거대 소행성과의 충돌과 같은 것이다. 그리고 지금은 그 어떤 외부의 충격도 없이 인류 스스로가 그 일을 반복하고 있었다. 그레타는 이것이 인류의 고집과 더불어 과학적 근거를 이야기하는 지식인을 믿지 않으려는 회피 성향 때문에 일어난 일이라고 생각했다.

그레타는 자유의 여신상을 지나치며 한참을 쳐다보았다. 그것은 궁극적인 자유의 상징이다. 그레타는 자유의 여신이 언젠가 해안으로 오는 여행자들을 다시 한번 더 환영하게 되기를 희망했다.

배가 안개를 뚫고 조용히 항해하는 동안, 그레타는 육지에 내리면 자신이 무엇을 해야 하는지 이미 알고 있었다.

아빠는 갑판 위 그레타 옆에 서서, 딸의 어깨를 팔로 감싸고 있었다. 몇 분 후, 그들은 닻을 내렸다.

그레타는 일단 육지에 내리게 되면, 시위를 조직하게 되리라는 걸 알고 있었다. 기후를 위한 시위와 어쩌면 그것에 반대하는 시위도 열릴 것이다. 하지만 지구를 위해 싸워온 이들은 이곳과 세계 각지에서 시위를 준비해왔다. 수백 개의 시위가 있을 것이다.

그레타는 뱃전에서 몸을 숙여, 바닷물에 손을 담갔다. 바다는 미지근했다. 모터보트 한 대가 일행의 짐을 검사하기 위해 다가와 요트 옆에 멈췄다.

일행이 세관 검사를 기다리며 지난 2주간 머물렀던 요트에서 내릴 준비를 하자, 다른 보트들이 다가와서 그들을 환영했다. 대부분은 카메라로 촬영을 하고 있었다. 바다는 유

리처럼 매끄러웠으며, 평상시보다 더 미지근했다. 그레타가 여기에 온 이유였다.

마침내 그레타는 유엔으로 가서, 세계의 지도자들 앞에 설 것이다. 그들 중에는 역사상 최악의 오염 유발국가 지도자들도 있을 것이다. 그레타는 자신이 하는 말에 그들이 귀를 기울여주기를 소망했다. 그리고 그 문제에 대해 뭔가 해주길 원했다. 지구는 불타고 있었고, 구원의 손길은 절박했다. 그레타는 뉴욕에서 첫 번째 시위를 하기엔 유엔이 완벽한 장소라고 생각했다.

그레타는 미소를 지었다. 움직일 시간이 다가왔다. 그레타는 흥분하였으며, 희망에 부풀었다. 이는 그레타가 이제는 지나가 버린 쓸모없는 우울증을 대체하게 된 동력이었다.

2020년 1월 스위스의 스키 휴양지 다보스에서 개막한 다보스 포럼에 '기후 악당'으로 불리는 도널드 트럼프 대통령과 그레타 툰베리가 나란히 참석했다.

다른 참석자들은 개인 전용제트기나 고급차로 이동했지만, 그레타는 '비행은 수치(flight shaming)'라며 열차를 타고 도착했다.

트럼프 대통령이 기조연설을 위해 툰베리에 앞서 연단에 섰다.

"잘 알겠습니다. 우리도 다보스 포럼의 '나무 1조 그루 심기' 운동에 동참하지요."

트럼프는 자신이 환경론자라고 주장했다. 하지만 기후변화 대응에 관한 언급은 거의 하지 않았다.

그는 기후변화를 경고하는 이들을 향해 '지금은 비관이 아니라 낙관의 시대이며', 그런 경고를 늘어놓는 이들은 '종말론 예지자'이자 '바보 같은 점성술자들의 후예'라고 깎아내렸다.

심각한 표정으로 듣고 있던 그레타가 1시간쯤 후, 연사로 나서 쏘아댔다.

"아니요, 나무 심기로는 불충분합니다. 나무만 심어선 안 되고, 온실가스 배출을 당장 멈춰야 해요. 우리들 집(지구) 이 불타고 있는데, 여러분의 무대책이 불난 집에 시시각각 부채질이나 하고 있지 않나요?"

그레타는 세계 지도자들을 향해 강한 어조로 비판했다.

"나무 심기와 과학의 발전을 기다리는 것만으로는 충분 치 않습니다. 나는 여러분이 공포를 느끼길 원해요."

길고 어두운 터널을 지나왔다. 그리고 그레타는 마침내 많 은 이들에게 무의미해 보였던 세상 속에서 의미를 찾아냈다.

부록

Greta Thunberg's Speech at the UN Climate Action Summit

(2019. 9. 23)

My message is that we'll be watching you.

This is all wrong. I shouldn't be up here. I should be back in school on the other side of the ocean. yet, you all come to us young people for hope.

How dare you!

You have stolen my dreams and my childhood with

그레타 툰베리의
'유엔 기후행동 정상회의'
연설 전문

(2019. 9. 23)

우리가 여러분을 지켜볼 거라는 게 제 메시지예요.

이건 전부 잘못된 거예요. 제가 여기 이 위에 올라와 있으면 안 되죠. 저는 대서양 반대편에 있는 학교에 있어야 합니다. 그런데 여러분은 우리 청년들에게 미래에 대한 희망을 기대합니다.

어떻게 감히 그럴 수 있나요?

여러분은 헛된 말로 저의 꿈과 어린 시절을 빼앗았습니다. 그렇

your empty words and yet I'm one of the lucky ones. People are suffering. People are dying. Entire ecosystems are collapsing. We are in the beginning of a mass extinction and all you can talk about is money and fairy tales of eternal economic growth. How dare you!

For more than 30 years, the science has been crystal clear. How dare you continue to look away and come here saying that you're doing enough when the politics and solutions needed are still nowhere in sight.

You say you hear us and that you understand the urgency, But no matter how sad and angry I am, I do not want to believe that. because if you really understood the situation and still kept on failing to act then

지만 저는 운 좋은 사람 중 한 명이에요. 사람들이 고통받고 있습니다. 사람들이 죽어가고 있어요. 생태계 전체가 무너지고 있어요. 우리는 대멸종이 시작되는 시점에 있습니다. 그런데도 여러분은 돈과 끝없는 경제성장이라는 동화 같은 이야기만 하고 있어요. 도대체 어떻게 그럴 수 있나요?

지난 30년이 넘는 세월 동안에 과학은 너무나도 분명했습니다. 그런데 여러분은 어떻게 그렇게 계속해서 모른 체하면서 이 자리에 와서는 충분히 할 만큼 하고 있다고 말할 수 있나요? 지금 필요한 정치와 해결책이 여전히 아무 곳에서도 보이지 않는데 말입니다.

여러분은 우리가 하는 말에 귀 기울이고 있고, 그 긴급함도 알고 있다고 말합니다. 그러나 제가 아무리 슬프고 화가 나더라도 저는 그 말을 믿고 싶지 않아요. 만약 여러분이 정말 지금 상황을 이해하고 있는데도 여전히 행동하지 않는 거라면 여러분은 악마

you would be evil and that I refuse to believe.

The popular idea of cutting our emissions in half in 10 years only gives us a 50% chance of staying below 1.5 degrees and the risk of setting off irreversible chain reactions beyond human control.

Fifty percent may be acceptable to you. but those numbers do not include tipping points, most feedback loops, additional warming hidden by toxic air pollution or the aspects of equity and climate justice. They also rely on my generation sucking hundreds of billions of tons of your CO_2 out of the air with technologies that barely exist.

나 다름없기 때문이에요. 그러니 저는 믿기를 거부합니다.

널리 알려진 제안은 앞으로 10년 안에 온실가스 배출량을 절반으로 줄이자는 거죠. 하지만 그런 제안은 우리에게 지구 온도의 상승 폭을 1.5도 아래로 유지할 가능성을 50% 줄 뿐입니다. 또한 그런 제안에는 우리 인간이 통제할 수 있는 범위를 넘어서 되돌릴 수 없는 연쇄반응이 일어날 위험도 따릅니다.

그 50%가 여러분에게는 받아들일 만한 수치일 수도 있겠죠. 하지만 그런 수치는 티핑 포인트, 대부분의 피드백 루프, 대기오염에 가려진 추가적인 온난화, 기후 정의와 형평의 측면을 포함하지 않습니다. 이는 또한 여러분이 공기 중에 배출해 놓은 수천억 톤의 이산화탄소를 제거해야 할 임무를 우리 세대에게 떠넘기는 것이나 다름없습니다. 게다가 그 임무를 수행할 수 있는 기술은 거의 존재하지도 않죠.

So a 50% risk is simply not acceptable to us, we who have to live with the consequences.

How dare you pretend that this can be solved with just business as usual and some technical solutions? With today's emissions levels, that remaining CO_2 budgets will be entirely gone within less than 8.5 years.

There will not be any solutions or plans presented in line with these figures here today, because these numbers are to uncomfortable and you are still not mature enough to tell it like it is.

You are failing us, But the young people are starting to understand your betrayal. The eyes of all future

따라서 기후위기가 초래한 결과를 떠안고 살아가야 할 우리가 그 50%의 위험을 받아들일 수 없는 것은 당연합니다.

어떻게 감히 여러분은 지금까지 해온 방식과 몇몇 기술적인 해결책만으로 이 문제가 해결될 수 있다고 꾸미나요? 지금 수준으로 탄소배출을 계속한다면, 남아 있는 탄소 예산마저 8년 반 이내에 모두 바닥나버릴 텐데요.

오늘 여기 이 수치에 맞춰 어떠한 해결책이나 계획도 제시되지 않을 것입니다. 그런 수치는 너무 불편하고, 여러분은 여전히 사실을 있는 그대로 말할 만큼 성숙해 있지 않기 때문입니다.

여러분은 우리를 실망시키고 있습니다. 하지만 우리 세대는 여러분이 우리를 배신하고 있다는 걸 알기 시작했어요. 모든 미래

generations are upon you And if you choose to fail us, I say: we will never forgive you.

We will not let you get away with this. Right here, right now is where we draw the line. The world is waking up. and change is coming, whether you like it of not. Thank you.

세대의 눈이 여러분을 향해 있습니다. 그리고 여러분이 우리를 실망시키는 쪽을 택한다면, 저는 말할 겁니다. 우리는 결코 여러분을 용서하지 않을 거라고요.

우리는 여러분이 이 책임에서 도망가도록 내버려 두지 않을 것입니다. 바로 지금이 마지노선이 될 것입니다. 전 세계가 깨어나고 있고, 여러분이 좋든 싫든 변화는 일어나고 있습니다.

감사합니다.

그레타 툰베리는 누구인가?

    세계 청소년들의 귀감이 된 툰베리는 10대 소녀로서(2020년 현재 17세) 행동주의를 앞세우는 기후변화 활동가다. 그는 2003년 1월 3일 스웨덴 스톡홀름에서 태어났다. 엄마인 말레나 에른만은 스웨덴 최고의 오페라 가수, 아빠인 스반테 툰베리는 연극배우다.

    툰베리는 여덟 살 때 학교에서 지구온난화로 생긴 플라스틱 쓰레기 섬과 빙하가 녹아 굶주리게 된 북극곰의 모습을 영상으로 처음 보고 크게 충격받았다. 이 일로 식음을 전폐했다. 11세가 되자 기후위기에 대한 문제의식을 부모나 친구들과 공유하고 싶었다. 그러나 친구들한테는 왕따를 당하기 일쑤였고, 어른들은 기후변화가 "맞다" 하면서도 아무런 행동을 하지 않아 세상이 미워졌다. 이로 인해 강박 장애와 선택적 함구증이 찾아왔다.

하지만 나부터라도 지구를 구하겠다며 혼자 기후과학을 공부하면서 기후위기의 문제를 골똘히 파고들었다. 이런 경향을 의사는 아스퍼거 장애라고 진단했다. 툰베리는 여러 장애에도 불구하고 한 번만 보면 모든 것을 외우는 '사진 기억력'을 되찾았다. 후일 툰베리는 영국 BBC와의 인터뷰에서 아스퍼거 장애로 "남과 다른 것은 선물"이라며, 덕분에 기후변화 문제를 남과 다르게 더 집중해서 들여다볼 수 있었다고 말했다.

15세이던 2018년 8월, 툰베리가 스웨덴 의사당 앞에서 '기후를 위한 등교 거부'라고 쓴 피켓을 들고, 지금 당장 "탄소 배출을 감축하라"며 첫 '1인 시위'를 시작했다. 2018년 스웨덴의 여름이 끝나갈 무렵, 엄마는 해외공연 스케줄에도 불구하고 지구환경을 생각해 더는 비행기를 타지 않기로 했다. 동시에 아빠는 필요 이상의 물건들을 사들이지 않았으며, 육식을 끊고 비건(엄격한 채식주의자)이 됐다. 툰베리 가족 모두가 기후변화 대응을 위해 합심하기 시작했다.

'기후를 위한 등교 거부'라는 '1인 시위'에 이어, 툰베리는 새로운 환경운동 캠페인인 '미래를 위한 금요일(Fridays for Future, FFF)' 운동을 세계 청소년들에게 제안해 결성했다. 툰베리와 학생들이 주축이 된 '미래를 위한 금요일' 운동은 SNS상에서 빠르게 확산되었고, 기후위기 해결을 위한 정치적 행동을 끌어냈다. 또 전 세계가 주목하는 기후운동으로 발전했으며, 툰베리는 청소년들의 '아이콘'으로 떠올랐다.

2019년 1월 '다보스 포럼'에 참석한 세계의 지도자들을 향해 툰베리는 "우리 집(지구)이 불타고 있다"고 선언했다. 2019년 9월 20일과 27일에는 전 세계에서 4백만 명 이상이 툰베리와 연대하여 '기후를 위한 학교 파업' 시위를 진행했다. 또한 툰베리는 다보스 포럼, 영국, 프랑스, 스페인, 유럽의회, 유엔 기후행동 정상회의에 연설자 나서 전 세계 나라에 기후변화에 대한 사회적 공론을 키웠고, 세계 정치 지도자들을 움직였다. 유럽의회 선거에선 녹색당 돌풍도 불었다. 이를 두고 영국의 〈가디언〉 등 언론들은 '툰베리 효과'라고 이름 붙였다.

툰베리는 미국의 〈타임〉지에 의해 '2019 올해의 인물'로 선정

되었으며, 2019년에 이어 2020년에도 최연소 노벨평화상 후보에 이름을 올렸다. 범지구적 기후위기에 대한 툰베리의 일관된 신념과 행동을 높이 샀기 때문이다.

툰베리의 발언 중 대표적인 사건은 2019년 9월 23일 미국 뉴욕에서 열린 '국제연합(UN) 기후행동 정상회의' 연설이다. 툰베리는 세계의 지도자들을 향해 "생태계 전체가 무너지고 있고, 대멸종이 시작되는 시점에 있는데도 당신들은 돈과 끝없는 경제성장이라는 동화 같은 이야기만 하고 있다."고 쏘아붙였다. 그리고 "나는 대서양 반대편에 있는 학교에 있어야 하는데, 당신들이 헛된 말로 나의 꿈과 어린 시절을 빼앗았다."며 "모든 미래 세대의 눈이 여러분을 향해 있다. 당신들이 이 책임에서 도망가도록 내버려 두지 않을 것"이라고 경고하면서 세계인의 주목을 받았다.

• 툰베리 인스타그램
  https://www.instagram.com/gretathunberg/

지구의 기온이 1도씩 오를 때마다 세상은 어떻게 변할까?

지구의 기온이 1도 상승하면 킬리만자로와 알프스 부근의 만년 빙이 사라지고, 양서류와 설치류들이 멸종한다.

2도가 상승하면 북극 빙하가 완전히 녹을 가능성이 28%이고, 산호가 사라지며, 생물종의 1/4이 멸종 위기에 처한다. 수십만 명이 더위로 사망할 수 있고, 해안 도시들은 해수면 상승으로 서서히 가라앉는다.

3도가 오르면 세계 곳곳에서 가뭄과 홍수가 연이어 일어나고, 식량 생산에도 차질이 생겨 사람들은 굶어 죽지 않으려고 민족대이동을 시작한다. 지구상의 대부분의 생물이 멸종 위기에 처할 것이다.

4도가 오르면 남극의 빙하가 완전히 붕괴되고, 영구동토층의

땅이 녹으면서 이산화탄소보다 위험한 메탄이 대량 분출되고, 잠자던 세균이 깨어나며, 지구 전역에는 피난민이 넘쳐난다.

5도가 오르면 북극 및 남극의 빙하가 모두 사라지고, 해안 도시들이 모두 잠기며, 대륙의 깊은 곳까지 바닷물이 침투한다. 인간들은 점점 줄어드는 '거주 가능 구역'으로 몰려든다. 전쟁이 시작되고, 만인 대 만인의 싸움이 벌어진다.

6도가 오르면 지구의 모든 생물은 대멸종이라는 파국을 맞게 된다.

과학자들은 2050년의 비극을 막기 위해서라도 지금이야말로 모두가 행동에 나서야 할 때라고 호소한다.

우리 집이 불타고 있다

툰베리와 위기의 행성

1판 1쇄 인쇄 2020년 6월 20일
1판 1쇄 발행 2020년 6월 25일

지은이 마이클 파트
옮긴이 김연정
펴낸곳 굿모닝미디어
펴낸이 이병훈

출판등록 1999년 9월 1일 등록번호 제 10-1819호
주소 서울 마포구 동교로 50길 8, 201호
전화 02) 3141-8609
팩스 02) 6442-6185
전자우편 goodmanpb@naver.com

ISBN 978-89-89874-39-3 43400